写给孩子的
逆商课

王艳丽◎著

民主与建设出版社

·北京·

© 民主与建设出版社，2023

图书在版编目（CIP）数据

写给孩子的逆商课 / 王艳丽著. -- 北京：民主与建设出版社，2023.5
ISBN 978-7-5139-4197-6

Ⅰ.①写… Ⅱ.①王… Ⅲ.①成功心理—儿童读物 Ⅳ.①B848.4-49

中国国家版本馆CIP数据核字（2023）第085749号

写给孩子的逆商课
XIEGEI HAIZI DE NISHANGKE

著　　者	王艳丽
责任编辑	廖晓莹
封面设计	仙　境
出版发行	民主与建设出版社有限责任公司
电　　话	（010）59417747　59419778
社　　址	北京市海淀区西三环中路10号望海楼E座7层
邮　　编	100142
印　　刷	三河市新科印务有限公司
版　　次	2023年5月第1版
印　　次	2023年8月第1次印刷
开　　本	710毫米×1000毫米　1/16
印　　张	14
字　　数	124千字
书　　号	ISBN 978-7-5139-4197-6
定　　价	52.80元

注：如有印、装质量问题，请与出版社联系。

前言 Preface

小伙伴们，你们是否发现自己与同龄人之间的差距呢？

你离开父母独立生活时，生活被你弄得一团糟，而别的孩子离开父母独立生活时，却能将生活打理得井井有条。

你遇到打击时，会迫不及待地逃避，而别的孩子却能勇敢而且坦然地承受，完成蜕变。

你遇到挫折和困难时，会蜷缩在自己的龟壳里，而别的孩子却能迎难而上，越挫越勇。

你面临失败时，会哭泣着放弃，而别的孩子则会暗暗使劲，下次一定要赢回来。

你之所以与其他孩子有着两种截然不同的人生态度，是因为你缺乏逆商方面的训练。那么，什么是逆商呢？

逆商，简称"AQ"，是英文"Adversity Quotient"的缩写，也称"挫折商""逆境商"。顾名思义，逆商是指人们在面对逆境时的反应方式。而一个人的逆商往往由三个部分组成，分别是面对挫折的能力、摆脱困境的能力和超越困难的能力。

人们在研究了大量的成功人士的案例后，曾提出一个著名的公式：成功＝智商＋情商＋逆商。在最初的时候，人们仅将目光放在了智商上，觉得智商能够决定一个人的学习能力，是成功的关键。后来，人们又意识到情商同智商一样重要，因为情商代表了一个人的综合能力、心理素质，以及为人处世的方式。殊不知，逆商才是决定一个人能否成功的最为关键的因素。当一个人的逆商极高时，心理会很健康，情绪也会很稳定，处于这种状态的人是极具创造力和生产力的。而逆商高的人不管在什么领域，无论什么时候都能把自己的事情做好。

小伙伴们，你们就像一棵小树苗，在成长过程中，只有经历风吹雨打，才能长成一棵参天大树。你们就像一只雏鹰，长大后终会飞向属于自己的那片蓝天，只有掌握丰富的生存技巧，经历各种绝境，才能自由自在地翱翔。所以，你需要通过训练来提升自己的逆商。当你拥有高逆商时，就会无所畏惧，就能克服成长过程中遇到的每一个难题。

在智商、情商和逆商中，智商更多地取决于先天因素，而情商和逆商取决于后天的培养。哪怕你现在逆商低，经过训练和培养，也能够提升逆商。那么，如何培养和提升逆商呢？答案就在这本书里。

逆商是一种综合能力，包括独立能力、耐挫力、承受能力、自信

前言

心、自我保护能力、挑战能力等，我将从多个方面来讲述提升逆商的方法和技巧。此外，我采用第一人称书写，叙述许多经典的名人故事和真实事例，令你在读的时候感同身受，能够快、狠、准地抓住提升逆商的要点。

小伙伴们，培养逆商宜早不宜迟，因为你越早提高逆商，就能越早点缀、装饰自己的人生，就能越早迎接美好的未来。

目录 Contents

第一章 | 忍住，别求助

你必须学会独立

跟你聊聊，为什么要独立 3

爸爸妈妈爱包揽，我们应该怎么办 7

你看，那只被人帮忙破壳的小鸡 11

请对无微不至的照顾说"不" 15

你完全有本事自己解决一些生活小难题 19

每长大一岁，你的独立能力要更强一点 24

第二章 | 趁年少，多吃苦

小时候不吃学习的苦，长大了就要吃生活的苦

别在该吃苦的年纪，就知道玩耍和刷手机 31

你可知道"哈佛凌晨四点半" 36

学海无涯苦作舟，坚持住啊！ 40

那些纨绔子弟后来怎样了？ 44

孩子，现在的你需要"自讨苦吃" 49

第三章 | 不经历风雨怎能见彩虹

谁也不愿遭受打击，但这是命运馈赠的珍贵礼物

天将降大任于小孩，必先让其经历风吹雨打 . 57

那个神奇的曼巴精神，你了解吗？ 62

坚强是一种态度，不是一个口号 66

苦难里走出的天使 71

为什么没有伞的孩子必须努力奔跑 76

目录

第四章 | 化压力为奋起

压力给弱者带来痛苦，也是强者向上的助力

　　甩掉压力最直接的方法是提升自己 83

　　隔壁小明比你优秀，不嫉妒，去超越 87

　　不跟同学比家底，比学习 90

　　你可以不考入前几名，但一定要往前冲 94

　　与别人比优势，不与别人比不足 99

　　将压力转化为向上的动力 103

第五章 | 敢不敢胆大一点

勇敢一点儿，你可以的

　　天黑请闭眼，睡觉拒绝大人的陪伴 109

　　没有妖魔鬼怪，只是被自己困住 113

　　上课发言，当众讲话，你为什么要害怕？.... 117

　　去和那个陌生小孩大方地交个朋友吧 121

　　重在参与！别让害羞掩盖了你出色的能力 .. 125

　　受欺负了，努力让自己变勇敢 129

第六章 一败不涂地

输就输了,没有关系,不要哭泣,也别放弃

不是什么事情你都能赢 137

与其说是害怕失败,不如说是害怕外界对你的

议论 141

当败局不可避免时,要学会坦然接受 145

这次输了,下次赢回来 149

淡化求胜心,接纳自己的不足 153

第七章 知错花开

做错事不可怕,知错能改便是成长的收益

做错事要为自己的错误买单 161

知错不改,难成大器 165

把大家的批评记在心里,反映到行动里 169

"错在哪了?"这个问题必须想清楚、

搞明白 173

有时候错误只是意外,你要以平常心对待 178

敢做敢当,不让父母代过 182

目 录

第八章 发力吧！迎接挑战

如果你愿意接受挑战，就能收获一个又一个惊喜

只做简单的事情，还是挑战高难度？............ 189

为什么很多事还没做，你就说"做不到"..... 193

潜力是被激发出来的.. 197

越是难解的习题，越能拉升你的成绩............ 201

每天进步一点点，你也可以上哈佛................ 205

等你长大一点儿，一定要试着去冒险............ 209

第一章

忍住，别求助

你必须学会独立

　　人生的道路很漫长,父母只须陪你走前半段,朋友只能陪你走一小程,最后你是一个人走到终点。因此,我们必须学会独立。只有独立,才会无所畏惧,才会勇往直前。

· 第一章　忍住，别求助 ·

跟你聊聊，为什么要独立

小伙伴们，你们肯定爱读故事，那么你看过这样一篇童话故事吗？

在很久以前，宁静的小河边生活着一对青蛙母子。随着小青蛙渐渐长大，它渴望去见识更宽广的世界，而跳水是它必须掌握的生存技能。

有一天，小青蛙对青蛙妈妈说它想学跳水。青蛙妈妈拒绝了它，并且说："孩子啊，不是妈妈不教你，而是我们现在住的地方距离水面太高了，你跳下去会受伤的。"

小青蛙站在家门口往下看，果然很高。它害怕受伤，便听从了妈妈的话。后来，它们搬去了新家，新家距离水面很近。小青蛙看着从水中跃起的鱼儿，心里羡慕极了，它又向青蛙妈妈提出想学跳水。这一次，青蛙妈妈依然拒绝了它，并对它说："孩子啊，不是妈妈不教你，我们才搬来新家，对周围的环境还不熟悉，要是遇到危险该怎么办？"

小青蛙心想，学习跳水也不急于一时。所以，它等到它们对周围的环境足够熟悉了，才又向妈妈提出学跳水。这一回，青蛙妈妈还是拒绝了它："孩子啊，不是妈妈不想教你。你看，水里到处都是石头，你跳下去会受伤的。"

小青蛙害怕受伤，没再坚持下去。此后，青蛙母子又搬了好几次家，小青蛙又数次向青蛙妈妈提出学习跳水，但每一次都被青蛙妈妈以各种理由拒绝了。后来，小青蛙长成了大青蛙，青蛙妈妈老了，也没有力气教小青蛙跳水了。所以，小青蛙一直没有学会跳水。

小伙伴们，这个故事的结局是小青蛙没有学会跳水。我们不妨发散思维，深入地想想，没有掌握独立生存技能的小青蛙，它最终面临的是什么？

很简单，就是被大自然淘汰。比如，当小青蛙吃光了家周围的食物后，因为不会跳水，无法去远一点儿的地方寻找食物，它将会被饿死。当天敌闯入它的家园时，它不会跳水逃生，将会被吃掉，等等。可见，掌握独立生存的技能是多么重要。

小伙伴们，对于你来说，独立非常重要。因为生活、学习，乃至未来步入社会，进入职场，每时每刻都需要用到独立能力。

我举一些最简单的例子，比如你想结交朋友，那么就需要自己去交际，父母或他人不可能替你去交际。在你与人进行交际的过程中需

第一章 忍住，别求助

要有独立能力。

再比如选择。有父母在身边的时候，你可以交由他们替你做出选择，但是你能保证父母能每时每刻都在你的身边吗？这显然是不可能的。当父母不在身边的时候，你又找不到其他朋友给建议时，该如何是好呢？所以你必须明白，选择也是一种独立。

又比如独自生活。小的时候，你和父母生活在一起，他们可以照顾你的生活。但是，当你长大离开父母之后呢？你需要独自去求学，独自去陌生的城市工作。往更遥远的说，你未来还要组建自己的家庭，单独生活。如果缺乏独立能力，你的生活将会一团糟。

图 1-1　成长之路

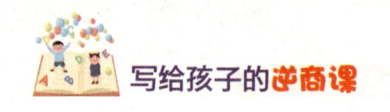

因此，每个孩子都要学会独立。不过，在学会独立之前，你需要做到以下两点。

第一，你需要有独立的思想。

这个社会存在许多"巨婴"，明明已经成年，仍然需要依赖别人的帮助去生活。原因在于他们从小到大，从来没有想过要自己独立，以致丧失了独立的能力。思想是行动的先导，行动是思想的体现。只有先有独立的思想，才能去学习独立的技能，掌握独立的能力。

第二，你需要有独立的执行能力。

列宁曾经说过，做人不要做"思想上的巨人，行动上的矮子"。这就是说，你不能光有独立的思想，也需要有独立的行动力。在生活中，你不要放过任何一个学习独立的机会。

小伙伴们，在你的漫漫人生路上，别人只能陪伴你走一段路。你的人生道路，需要你自己去走。在这段路途中，你需要适应黑暗，需要越过坎坷，需要扛过风雨，需要咬牙坚持。而成功走过这段路程的关键，在于你是否拥有了独立的技能和能力。

第一章 忍住，别求助

爸爸妈妈爱包揽，我们应该怎么办

在生活中，我相信不少小伙伴都有这样的经历：自己想独立去做一些事时，父母总是会制止，并抢过去做。

父母爱包揽的原因有很多，可能是对你的溺爱，也可能是担心你做不好。但不管是什么理由，我们都需要警惕他们爱包揽的行为。因为他们的包揽往往会防碍我们独立能力的培养，甚至有可能给我们带来巨大的灾难。

在此之前，我先说一则真实的故事。

在一个偏远的小山村里有一个小男孩。父母老来得子，所以很宠爱小男孩。在同龄孩子满街乱跑时，已经8岁的小男孩还没有学会走路。

其实小男孩的身体很健康，他不会走路是因为父母舍不得让他走路。每次他要出门走走时，父母不是抱着他，就是用扁担挑着他，并且告诉他走路很累。

渐渐地,小男孩养成了懒惰的性格。他觉得学习是一件很辛苦的事,所以经常不写作业,考试的时候总是交白卷。老师为此严厉地批评他时,他就哭着回家告诉父母。父母不仅不批评小男孩,还会跑去跟老师吵闹。

图 1-2 爱的牢笼

后来,小男孩辍学在家。有时候,他一个人玩耍很无聊,看到父母在家或地里干农活,觉得很有趣,便想帮着父母干活,但每一次都被父母拒绝了。父母心疼地对小男孩说:"农活太脏了,会弄脏你的衣服和手。""这些活太累了,不是你干的。"

就这样,在父母的宠爱和包揽之下,小男孩长到了13岁。这一年,他的父亲因病去世了。照顾男孩的重任落在母亲的身上。然而,

第一章　忍住，别求助

就算再苦再累，母亲也不让小男孩干一点儿活。在小男孩18岁这年，母亲因为劳累过度而去世。

此后，小男孩开始了属于他的人生。因为懒惰和缺乏独立的能力，他从来不洗衣服，以至身上臭烘烘的。每次吃饭的时候，不是邻居可怜他，给他送点儿过来，就是他出去乞讨，吃饱了倒头就睡。家里的农活，他从来不干。

就这样，又过了几年，小男孩在饥寒交迫中死去。

小男孩的人生是不幸的，而造成他不幸的人，一方面是他的父母，另一方面是他自己。

父母对小男孩的包揽，使其养成了懒惰的性格，缺乏独立性，以至独自面对生活的时候，无从下手。至于小男孩自己，可以套用鲁迅先生的话："哀其不幸，怒其不争。"他曾有过独立的意识，但是没有执行力，在面对父母的包揽时没有反抗。种种原因相结合，才造成了他悲哀的人生。

看过小男孩的故事后，很多小伙伴可能察觉到，自己的成长经历似乎和小男孩有些相似，父母都爱包揽。不同的是，小男孩的人生不能再重来，而你的人生却刚刚开始，你的人生是由你自己掌握的。

面对爱包揽的父母，我们该怎么办呢？我来告诉你，我是怎么做的。

每个孩子都是父母的宝，我也一样。父母对我的爱，可以称为溺爱。在小学二三年级的时候，我的同学都是独自上学，放学时同学们三五成群一块儿回家。唯有我的父母对我是上学送，放学接。

说心里话，那个时候的我很反感父母接送我上下学，因为同学时常嘲笑我，说："你这么大了，怎么还要爸爸妈妈送呀？""你是不是不认识上下学的路呀？"等等。由于自尊心在作祟，使得我每次听到这些话语时，都尴尬得恨不得找个地洞钻进去。

于是，我跟父母提议，我要独自上下学。但是父母以"不放心"为理由拒绝了。我反问他们有什么不放心的。为了让他们放心，我还说了许多种上下学的方法，比如我可以坐某路公交去学校，可以从哪条路走。父母见我说得有道理，又那么坚持己见，丝毫不退让，便都妥协了，让我跟着正在读小学高年级的邻居姐姐一块儿上下学。

后来，我便跟着邻居姐姐一起上下学，父母渐渐地适应了。有一回，邻居姐姐留在学校值日，我就自己一个人回家了。父母见我一个人回来，很是吃惊。但是他们见我真的能够独自上下学了，便选择了放手。

学习独立是需要有机会的。倘若父母剥夺了这些机会，那么我们怎么都学不会独立。在面对爱包揽的父母时，我们可以用下面这些方法来应对。

第一，你需要知道，父母对你大包大揽的原因是什么，然后根据原因对症下药。

正如我在前面所说的，父母对孩子包揽的原因有许多，比如对孩子过于溺爱，不信任孩子的能力，等等。找到原因后，再去消除它。比如父母不信任你可以做好某件事时，你可以用事实向父母证明，你可以把某件事做好。当父母看到你做得很棒时，就会对你产生信任感，然后放手让你独自去做。

第二，你需要有一个强有力的独立态度，并且让父母感受到。

很多时候，当我们向父母表明自己想要独立时，父母往往会以各种理由拒绝。不过，当你在他们面前表现得态度十分强硬时，他们又会再思考一下，如果没有触及他们的底线，他们就会做出妥协。所以，面对爱包揽的父母，你想要独立的强硬态度是对他们最好的回答。

小伙伴们，独立是带你翱翔的翅膀。只有学会独立，你才能去远方看更广阔的风景。

你看，那只被人帮忙破壳的小鸡

我小时候的一件蠢事至今依然让我没齿难忘，历历在目，痛心疾首！

小时候，家里的母鸡孵小鸡。因为母鸡自然孵化小鸡的成活率相对较低，母亲便决定人工孵化。当时刚上小学的我，就成了兼职"鸡妈妈"。我每天守在火炕边，隔一段时间就轻轻地翻一下盒子里的鸡蛋，让鸡蛋受热均匀。

守了二十一天左右，终于听到小鸡"咔咔"的如同叩门般的啄壳声音，我兴奋不已。不过母亲出门前叮嘱过我，除了保持温度和隔一段时间翻一下鸡蛋，别的事情不要做。可是我明明看到小鸡啄破了蛋壳就是出不来，心里十分着急。

我发誓，我只是轻轻地帮小鸡把一直弄不掉的壳敲碎了一些，那只啄壳最努力、最有劲的小鸡就慢慢地躺在壳里不动了。后来……唉！说多了都是悔恨的泪水。反正那批小鸡因为我的好心帮助最后夭折了五六只。

直到多年以后，我学了生物后才明白，小鸡及其他卵生动物在破壳时必须靠自己的努力，只有通过这种努力，才能使得血液输送到肢体的各个部位，然后改为肺呼吸。如果人们帮助小鸡破壳而出，它没有经历这个自己努力破壳的过程，出壳后就无法自主地呼吸或导致发育不全，很快就会死掉。

无独有偶，我的发小阿木也重蹈了我的覆辙。

有一天，他看到树上有一只茧在动，好像有蛾要从里面破茧而出。于是他饶有兴趣地准备见识一下由蛹变蛾的过程。

但随着时间一点点过去，他变得不耐烦了。只见那只蛾在茧里奋力挣扎，扭来扭去，但是一直不能挣脱茧的束缚，似乎再也不能破茧而出了。

第一章 忍住，别求助

图 1-3 别让孩子成为被人破壳的小鸡

最后，阿木的耐心用尽，就用一把小刀把茧上的丝划开一个小洞，这样可以让蛾出来得更容易一些。果然，不一会儿，蛾就从茧里很容易地爬了出来，但是那身体非常臃肿，翅膀也异常萎缩，耷拉在两边伸展不起来。

阿木等着蛾飞起来，但是那只蛾跌跌撞撞地爬着，怎么也飞不起来。过了一会儿，它就死了。

这是为什么呢？

后来我和阿木问了老师才知道，飞蛾在由蛹变茧时，翅膀萎缩，十分柔软；在破茧而出时，必须经过一番痛苦的挣扎，身体中的体液才能流到翅膀上去，翅膀才能变得结实有力，才能支持它在空中飞翔。

其实这和我们的成长过程是一样的。我们每一个小孩，只有学会为自己提供身心的给养，未来才能日渐茁壮。

很多小伙伴都害怕吃苦，遇到一点儿难事就想寻求大人的帮助。其实这是对生命力的一种束缚。如果我们处处借助他人的力量帮助自己达成目标，就好比建在沙滩上的大厦——没有坚实的基础，一阵海浪过来，就会毁于一旦。

所以小伙伴们，不要总是依赖别人，因为：

第一，天下没有不散的筵席，你一心依靠的人，总有一天会离你而去。等你将来长大，总会一个人走过一段岁月。为了不让自己因为失去帮助而无力生存，从现在起，你必须学会独立，做依赖症的绝缘体。

第二，你不能把自己的快乐寄托在别人的身上。是的，当别人毫无所求地给予你一切帮助时，你很快乐，你的世界阳光明媚、灿烂无比；但是当他们离开时，带走的就是你的整个世界，当然，快乐也会随之而去。

第三，或许你的爸爸妈妈很有钱，可以让你一辈子衣食无忧，但是人不仅仅是为了活着而活着。你饭来张口，衣来伸手，每天"啃老"，真的可以做到问心无愧吗？何况，父母并不能陪伴你一生。他们终将老去，并且离开你。

第一章 忍住，别求助

小伙伴们，要堂堂正正地生活在这个世界上，我们就不能依赖别人，要凭着自己的双手，去播种，去耕耘，总有一天你会有所收获。同时，你学会的知识和技能将伴随你的一生。

请对无微不至的照顾说"不"

小伙伴们，你们面对父母或其他长辈无微不至的照顾时，有什么感受呢？

我小时候的感觉非常好，心安理得地面对这一切。想想看，每天不用为吃喝而烦恼，会有人将吃的喝的递过来；不用洗衣、打扫卫生，这些统统有人代劳。不为琐事而烦恼的生活，无疑惬意极了。直到发生了一件事，这才让我意识到无微不至的照顾其实是糖衣炮弹，我需要对它说："不！"

当时，我参加了学校组织的为期一周的夏令营活动，活动地点是在北京。我一想到能够爬长城、游览故宫，心里就很激动，并且对这次旅途有着很高的期待。说实话，当时父母不同意我参加夏令营，他们笃定我的这次旅途会有很糟糕的体验。只不过在我的死磨硬泡下，他们才不得不点头答应。

事实上，父母的预见是正确的。当然，不是说夏令营活动安排得不好，也不是说长城、故宫令我大失所望，而是我的生活被我弄得一团糟。比如，每次集合吃饭时，我总是磨蹭到最后一个。为了吃快点儿，我付出的代价是吃得少，吃不饱。轮到我打扫寝室卫生时，我总是打扫不干净，以至每次都被老师批评。我换洗的衣服总是拖到没有干净衣服穿了才去洗。一旦遇到阴天，衣服干不了时，我就要再穿一天汗臭味儿十足的脏衣服。我对天冷天热、每天穿多少衣服等都没有概念，所以活动第二天我就感冒了……

种种状况加在一起，无疑给了我糟糕的、令我终生难忘的体验。回到家后，我不禁开始思考，别的同学都能将生活安排得有条不紊，为何我的生活乱成了一团麻？原因是我平时太过享受父母和其他长辈对我无微不至的照顾。

我们在面对亲人无微不至的照顾时，当时是十分惬意的，可一旦离开亲人们无微不至的照顾，就仿佛闯入了修罗场。在成长的过程中，这些无微不至的照顾可能是你自己要求的，也可能是父母强行施加给你的，但不管原因是什么，最终承受恶果的唯有我们自己。因为没有人能够一辈子享受他人无微不至的照顾，总会有独自面对生活的时候。

我曾读过著名作家林清玄的一篇散文，描写的是桃花心木。这篇文章给了我很大的启迪。

桃花心木是一种十分独特的树。它笔直而高大，树形宛如心形，看上去优雅而美丽。林清玄老家的林场种了很多这样的树。有一次，他回到了家乡。出门散步时，他看到树农在种植只有膝盖高的桃花心木的小树苗。令他感到奇怪的是，树农给树苗浇水时，并没有浇到小树苗的根部，也没有每天准时准点地来浇水，而是隔三岔五、不定时地浇水。当有些树苗枯死后，树农又会种上新的小树苗。

在好奇心的驱使下，他问树农为什么要用这种方法浇树。树农回答，种树不同于种菜和种稻子，树苗生长需要耗费近百年的时间。树苗在成长的过程中会遇到干旱，会遇到狂风暴雨，只有它的生命力足够顽强，才能扛过去。

图1-4 让树苗自然生长

树农说，如果他定时、定点、定量地给树苗浇水，就会让树苗产生一种依赖，就如温室内里的花朵，在面对大自然的摧残时，脆弱得不堪一击；如果不定时、不定点、不定量地浇水，这样就会让小树苗主动去寻找水源、养分，更加耐干旱、抗风雨。

可见，树农是想以这样的种植方式来提升树苗的成活率。

小伙伴们，你们就如同小树苗一样，而无微不至的照顾就如同树农定时、定点、定量的浇水。长久以往，你们将会产生依赖心理，并且失去独立生活的能力。然而，你们就像雏鹰一样，长大后必须独自翱翔在广袤无垠的天空。当没有他人照顾，而且你们没有独自生存的能力时，就必然会被淘汰。所以，我们不能心安理得地享受父母或他人无微不至的照顾，而是应该对父母或他人大包大揽的生活说："不！"

那么，具体该怎么做呢？

第一，你要明确地向父母或他人表示：你不需要他们无微不至的照顾。很多时候，父母或他人给予我们无微不至的照顾，是强行施加给我们的，而不是我们真正需要的。面对这样的情况，你要告诉他们，你拒绝这种大包大揽溺爱式的照顾。当他们感受到你强有力的拒绝态度后，就会妥协，然后给予你独立生活的机会。

比如，当我参加夏令营活动后，我就明确地告诉父母和爷爷奶奶，我要学会独立生活，不再让他们给予我无微不至的照顾。亲人们感受到我的固执态度后，欣然地给了我学会独立的机会。

第二，你需要向父母和他人证明，你能独立做好一件事，能够独立生活。父母无微不至地照顾你，可能是因为你总是做不好一件事，或者发现你不愿意去做某件事。渐渐地，父母就会把无微不至地照顾你当作一种习惯，并且固执地认定你真的自己做不好一件事。这个时候，你就需要寻找机会，向父母证明自己可以独立做好事情。

第三，将你可以独立去做的事情罗列出来，并主动去尝试。当你对身边的事情没有一个明确的归类时，就会稀里糊涂地丧失掉一些学习的机会。比如，你认为家务是父母应该做的，那么你将学不会做家务的技巧。当你独自生活时，家务就会成为你的大难题。其实，只要你勇敢地尝试一下，就会发现做家务也没有那么难。

你只有具有独立生活的能力，才能更好地适应社会。相反，如果你没有独立生活的能力，就会步履艰难。所以，你要坚定地对亲人们大包大揽、无微不至的照顾说："不！"

你完全有本事自己解决一些生活小难题

小伙伴们，你们一定读过《乌鸦喝水》的故事。

有一只小乌鸦口渴了。它在空中飞行了很久，也没有找到小河。不过，它发现了一个装着水的瓶子。小乌鸦高兴极了，飞到了瓶子旁。正当它准备痛快地大喝一场时，却发现瓶口太小，瓶子里的水也不多，它的嘴巴怎么也够不着里面的水。

小乌鸦一边忍着口渴，一边左思右想，怎样才能喝到瓶子里的水呢？它想撞倒瓶子，然而瓶子太重了，它撞得浑身都疼，瓶子却纹丝不动地立在原地。忽然，它看到瓶子旁边散落着许多小石子。它想砸坏瓶子后喝里面的水。于是，它叼起一颗石子砸向瓶子，却误将小石子扔进了瓶子。

小乌鸦细心地发现，石子沉入水底后，瓶子里的水位升高了一点儿。它灵机一动，叼起小石子一颗一颗地放进瓶子。它每放一颗石子，瓶子里的水就上升一点儿。没一会儿，水就上升到瓶口了，小乌鸦也喝到了水。

小伙伴们，你们知道这个故事蕴含了什么哲理吗？它告诉人们，遇到困难后，不要乱了阵脚，要开动脑筋。只要肯思考，就有可能想到解决问题的方法。

在生活中，你们也会如小乌鸦一般，会遇到各种各样的问题。那么，你们在遇到问题的时候，是尝试着自己去解决，还是依靠父母或他人来帮你解决呢？

如果是依靠父母或他人去解决问题，你当时就会感到很轻松。但是你有没有想过，当没有父母或他人帮助你解决问题的时候，你该如何面对呢？要知道，总有一天，我们会独自去面对生活，面对生活中的各种难题。

相反，如果你尝试着自己去解决问题，在此我会给你竖起大拇指，我要表扬你勇气可嘉。或许我们在解决问题的时候，会遇到失败，但

第一章　忍住，别求助

是我们能够从失败中收获教训和经验。而这些都是人生中最宝贵的财富，它会让我们在遇到同样或相似的问题时，能够冷静面对，从而避免失败和风险。

每一个优秀的孩子都是在克服一个个困难，解决一个个问题的过程中逐渐成长的。而且有些问题并没有你想象中的那么可怕，当你鼓起勇气独自去面对它时，就会发现它仅仅是一只纸老虎，你可以轻松地击倒它。所以，小伙伴们要相信自己。你完全有本事自己去解决生活中的一些小难题。前提是，你需要勇敢地踏出第一步，独立去面对问题。

那么，如何试着自己去解决问题呢？在此之前，我要说一个发生在我身上的故事。

小时候，我是个布娃娃控，喜欢买各种各样的布娃娃。每次父母给我零花钱，长辈们给我压岁钱时，我都会存起来。等存够了，我就会拉着父母去商店购买新的布娃娃。有一次，我看中了一个布娃娃，便央求妈妈陪我去买。等我到了商店看到布娃娃的价格后，才知道我存的钱还差一点儿。

当时，我太想要那个布娃娃了，希望妈妈能借我一点儿钱，或是让我提前支取下个月的零花钱。但是，妈妈是个在钱上很有原则的人。无论我怎么哀求，她就是不为所动。就在我准备失望而归的时候，她又给了我一个希望。

妈妈对我说，我手上存的钱和布娃娃的价格相差不多，她建议我和老板讲讲价，没准儿老板会将布娃娃降价卖给我。我听后很是心动，想让妈妈帮我和老板讲价格，但妈妈拒绝了。她让我自己去和老板讲价，不然就不买。

图 1-5　自信的孩子更独立

我长那么大，从来没有与别人讨价还价的经历。我一来不知道该怎么还价，二来很害怕自己面对老板。但是，我很想要布娃娃。最后，我鼓起勇气走到了老板的面前，用最真诚的态度问老板，能不能把布娃娃以我现有的钱的价格卖给我。

可能是我的钱差的不多，也可能是我态度足够真诚，老板很爽快地将布娃娃卖给了我。当我交了钱拿到布娃娃后，我发现讲价也没有那么难。更重要的是，当我学会独立解决问题之后，下一次在遇到相

第一章 忍住，别求助

似的问题时，我能够轻松地去应对。

小伙伴们，很多时候你并非害怕问题，也并非担忧自己是否能够解决问题，而是在于你是否能独立地去面对问题。

在面对生活中的小难题时，我为你提出几个建议。

第一，自信是解决问题的动力，独立是击溃问题的利剑。

你要足够自信，相信自己有能力并且能够独立地解决问题。因为在生活中，我们遇到的绝大多数问题并没有那么难，你认为的"难"，仅仅是你想象中的"难"。在很多时候，当你着手去解决问题时，就会发现这个问题简直就是小儿科。

第二，要懂得分析和思考问题。

我们在遇到陌生的事物时会感到忐忑，但是在面对熟悉和有把握的事情时，又会镇静自若。因此，在面对问题的时候，你可以先冷静地分析一番，如果你自己的确很难搞定这件事，再寻找别人解决的技巧，经常这样做，能够帮助你勇敢地独立去应对问题。

第三，面对生活中的小问题时，要懂得及时总结教训，吸取经验。

没有人是常胜将军，能解决生活中的每一个问题，能够克服每一个困难。但是，我们即使失败了，也不要气馁，而是应该及时地吸取教训和经验。必要时向朋友或者师长请教，让他们指出你的错误以便自己尽快提高解决问题的能力。

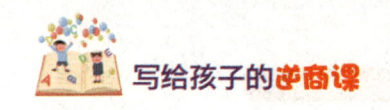

每长大一岁，你的独立能力要更强一点

小伙伴们，今年的你与去年相比，都有哪些变化呢？我猜，你的个子肯定长高了，你变得帅气、漂亮了，你变得活泼、可爱了。但是，你的独立能力有没有也得到了很大程度的提高呢？

一年前的你还不会铺床，现在的你学会了吗？一年前的你上下学还需要父母接送，现在的你可以自己上下学吗？一年前的你一遇到问题就让别人帮忙，现在的你是否能够试着自己解决问题呢？如果说，现在的你还是和一年前甚至几年前一样，那么你是没有长进的。可以毫不夸张地说，如果你继续放纵自己，不学会独立，未来你将会生活得十分艰难。

适者生存，社会处处充满了竞争。从你出生的那一刻起，就有无数人和你共同站在了起跑线上，但是，你们的终点未必是一样的。如果别人努力奔跑时，你却在玩耍嬉戏，那么，你注定会被别人远远地

第一章 忍住，别求助

抛在身后。

在社会竞争中，最不可缺少的就是独立能力。有了独立能力，你就能够快速地适应新的环境，你就能够有效率地去学习，你就能够勇敢地直面并解决接踵而来的挫折与困难。所以，在成长的过程中，你必须学习独立，并不断地提高自己的独立能力。

只要你肯努力，独立能力就有很大的上升空间，并且能够随着你的不断努力而不断提升。

有一回，我在麦当劳用餐时看到了令我记忆尤深的一幕。两位年轻妈妈各自带着五六岁的孩子来餐厅用餐，但两个孩子在独立性上呈现出了截然不同的两种态度。

我先来说第一个孩子。妈妈问他想吃什么，孩子说想吃汉堡和薯条，妈妈很自然地就去点餐台替他点餐。服务员给了他们两包番茄酱，孩子拿起其中的一包递给妈妈，他对妈妈说自己撕不开，并且催促妈妈帮他撕开。很快，他就将两包番茄酱吃完了。孩子对妈妈说他还想要番茄酱，妈妈鼓励他自己去找服务员拿，不过孩子拒绝了。最后还是妈妈帮他去拿番茄酱。

第二个孩子也想吃汉堡和薯条。当妈妈要帮他点餐时，他急切地让妈妈抱起他，并说他要自己去点餐，让妈妈帮忙付钱。回到桌子边，孩子并没有让妈妈帮助撕包装，而是尝试着自己去撕。不过，他折腾了很久也没有撕开。妈妈看到后，想要帮他，但他拒绝了。他让妈妈教自己撕开包装的技巧。试了几次后，他终于撕开了包装。番茄酱吃完了，他和妈妈打了一声招呼，便独自去找服务员拿番茄酱。

这两个孩子的年龄相仿，但是在独立性方面却有很大的不同。第一个孩子的独立性明显要弱于第二个孩子，自主性也没有第二个孩子强。是第一个孩子能力比第二个孩子差么？并不是。在每个年龄段，孩子都可以独立地去做一些合适的事。但是，这种能力并不是天生的。只有通过不断地学习和训练，独立能力才会获得提升。

可能我们在初次独立地面对某件事时，会觉得困难，觉得自己做不好。其实，做不好是在情理之中，没有人能完美地做好每一件事。但是，我们的尝试会让我们收获一些经验。我们不妨回过头想想，你小时候认为很困难的事，现在长大了再去做，是不是很简单呢？比如你初次骑自行车时，害怕父母松手后会跌倒，害怕马路上来往的车辆，但是当你勇敢地面对并且尝试、练习一段时间后，你骑车就能骑得非常好了。几年过去了，回想起第一次骑车，你是不是对当初自己害怕骑自行车而感到不可思议呢？

小伙伴们，你们也许听过小马过河的故事。小马要帮助妈妈送麦子去磨坊，途中要蹚过一条河。它看着流淌着的小河，很担心自己不能过去。它问小松鼠河水有多深，小松鼠说河水可深了，它的小伙伴就是被河水淹死的。小马又去问老牛，老牛告诉小马，河水一点儿也不深，只到它的小腿处。

小马不知道该听谁的，就跑回去问妈妈。妈妈告诉小马，不要光听别人说，要自己去尝试才行。只有尝试过了，才会知道水深水浅。当小马鼓起勇气下河后，才发现河水并没有小松鼠说得那么深，也没有老牛说得那么浅。

第一章 忍住，别求助

小伙伴们，如果小马没有尝试着独自过河，那么它永远都只能在岸上徘徊。在你成长的每个阶段，都有你能做的事情。如果你不尝试着努力去做，就永远学不会做这件事的技巧，更别说提升独立能力。

小伙伴们，在你们成长的每个阶段，想要提升独立能力，可以采取以下几种方法。

第一，学会记录下自己不敢尝试的事，等长大一点儿后，再鼓起勇气去尝试。

图 1-6　成长就是不断提升独立能力的过程

随着年龄的增长，你的动手能力、思维能力都在不断提升，以前你做不好、不敢做的事情，没准儿现在就能做好了。当你去做自己记录下来的每一件不敢尝试的事情后，你的独立能力就能够在不断地尝试和失败中得到提升。

第二，不要听别人的建议，要自己去尝试。

很多时候，你在做一些事情时，周围会有很多阻挠你去做的声音，比如："你还小，现在做不了。""等你长大了，你就能做了。"事实上却是，如果你不去做，怎么知道自己能否做好呢？所以，在每一个年龄段，你都要尽可能多地尝试独立去做一些事情，这能够快速提升你的独立能力。

第二章

趁年少，多吃苦

小时候不吃学习的苦，长大了就要吃生活的苦

　　人的一生会遭遇无数的磨难。现在不苦一阵子，未来就要苦一辈子。年少时苦，不叫苦。年老时苦，才叫苦。年幼的你，只有肯吃苦，努力提升自我，才能应对未来的各种挑战。而未来的你，也一定会感谢年少时那个肯吃苦的自己。

第二章 趁年少，多吃苦

别在该吃苦的年纪，
就知道玩耍和刷手机

我曾看过一部带有暗黑色彩的动画片，动画片讲述了一个小女孩学习的故事。

小女孩在台灯下熬夜写作业，一边写，一边打着哈欠。当她坚持不下去时，就趴在桌子上打起盹来。忽然，小女孩放在桌子上的玩偶动了起来。它趁着女孩打瞌睡的工夫，写起了女孩的作业。

小女孩醒来后，看见活过来的玩偶吓了一跳。不过，在她看到玩偶把她的作业写完后，立马高兴不已。她带着玩偶替她写好的作业去了学校。玩偶写的作业获得了优，令小女孩高兴极了。回家后，她把所有作业摆在玩偶的面前，让它帮自己写作业，她自己却跑去玩手机了。

之后，玩偶帮小女孩获得了优秀学生的奖状，这就让小女孩对玩偶变得更加依赖了。但是，她没有发现玩偶的变化，她每让玩偶帮忙写一次作业，玩偶就会长大一点儿。不知不觉中，玩偶已经长得和小女孩一样大了。

有一天早上，玩偶背起小女孩的书包，坐着小女孩每天乘坐的校车去上学。而小女孩却变成了不能活动的玩偶。很显然，玩偶在不知不觉中代替了小女孩。这一刻，小女孩后悔不已，但是为时已晚。

这部动画片告诉我们：小女孩不愿意努力和吃苦，最后被愿意吃苦的玩偶取代。

现实中，有很多人和小女孩一样，在本该吃苦的年纪，就知道玩耍和玩手机。结果必然会和那些愿意吃苦和付出努力的人差距越来越大。比如，人人都夸你很聪明，但是你没有别人勤奋努力，最后成绩排在了班级末尾；你是个做事很灵活的人，但是因为没有别人肯吃苦，就有可能失去很多成功的机会。

小伙伴们，如果你们一直不努力，不愿意吃苦，那么将会严重影响自己的未来发展和成就。因为我见识过懒惰的人会把自己的生活弄得一团糟，见到过颓废的人会被朋友嫌弃，见过不努力的人会在职场中难以立足。可见，在这个竞争激烈的社会，你不愿意吃苦，不愿意付出努力，就很容易被淘汰。

人生就像一场马拉松比赛，你的身后有很多追赶你的人。当你停下来，或是放慢脚步时，就会被身后比你更努力奔跑的人超越。

很多小伙伴不以为然，觉得等长大了再去吃苦也可以。然而，沧

第二章 趁年少，多吃苦

海桑田，岂是一朝一夕形成的？愚公移山，又怎会是短时间能完成的？当你停滞不前时，别人却在不停地往前冲。就像马拉松比赛，别人已经快要抵达终点了，而你依旧在起点徘徊，任凭你怎么努力，也无法追赶上去。所以，我们应该现在就付出努力，不畏艰辛，才能在机会出现时，准确地抓住它。

小伙伴们，你们现在吃苦，是为了未来自己能够变得更好。当你们长大后就会感激那个年少时努力付出的自己。

我有一个很好的朋友，可以说，他是我最佩服的人之一，因为他用吃苦扭转了自己的命运。

我的这个朋友出生在一个贫穷家庭，他有好几个兄弟姐妹。在他读小学的时候，父母实在拿不出钱了，兄弟姐妹们因此相继辍学，唯独他一直坚持要上学。为了凑齐学杂费，他在农忙的时候帮人收割麦子，在假期的时候帮人做一些零活，以此获得微薄的报酬。

他在想办法赚钱的同时，也没有荒废学业。他把每分每秒都用在学习上，比如课间休息时，其他同学围在一起分享趣事，他却心无旁骛地记忆单词；午休的时候，别人在操场上嬉闹玩耍，他在教室里看书、做题。放学回家后，他在干家务的同时，也会在心中背诵语文课文或英语单词。

他的努力也换来了回报，他的成绩总是名列前茅。因为升学考试时他的成绩太过优秀，好几所学校都给他寄来录取通知书，其中有一所学校承诺免除他的学杂费，并奖励他一笔奖金。在学校里，他每年都会将最高奖学金收入囊中，而且参加竞赛，获得多项奖励。

图 2-1　付出才有回报

　　不再为学费和生活费烦恼的他，并没有放松自己，而是更加刻苦，更加全身心地投入到学习中。之后，他考入国内顶尖大学，并且获得全额奖学金，此后又去全球最知名的学府硕博连读。这样刻苦的他，在毕业后也有了一个锦绣前程。

　　小伙伴们，我的这个朋友之所以能够取得优异的成绩，拥有锦绣的前程，就是因为他在少年时肯吃苦，并且一直在不断努力。倘若他在年少时不愿意吃苦，或许他的人生将会是另外一幅光景。所以，每当我和他相聚时，他都会感叹并感谢年少时肯吃苦的自己。

　　任何一座高楼都不可能顷刻间凭空而起，它需要一砖一瓦的垒砌。锦绣人生，需要我们一笔一画地去描绘。所以，别在年少时只知道玩耍。

对此，我有这样几个建议。

第一，要正确认知玩耍和电子产品的作用。

爱玩是孩子的天性，但是你需要明白，这个世界上有很多东西远比玩耍更重要。科技的发展使得我们的身边充斥着各种各样的电子产品，其实电子产品不单单具有娱乐功能，也有学习功能。我们不妨多挖掘一下电子产品的学习功能，让它为学习提供助力。

第二，给自己制订一个计划，培养自己吃苦耐劳的韧性。

很多小伙伴不是不愿意吃苦，而是不知道怎样让自己的努力更加高效，怎样努力才能获得更大的回报。这个时候，你不妨给自己制订一个学习计划，比如，自己当前阶段的学习目标是什么，要怎样做才能实现目标。然后按照这个计划去做，你就会发现自己的人生会很充实。

第三，年少的你需要吃苦，但也要懂得劳逸结合。

著名革命家李大钊曾经对自己的孩子说过："学就学个踏实，玩就玩个痛快。"不管做什么，都要讲究劳逸结合。如果以透支身体健康为代价，那么这样的吃苦就没有一点儿意义。所以，我们要会吃苦，更要学会放松自己，努力做到劳逸结合。

我可以毫不夸张地告诉你，每一个处在成功巅峰的人身上都具有肯吃苦的品质。许多优秀的人在年少的时候都比别人多吃了许多苦。

你可知道"哈佛凌晨四点半"

小伙伴们,你们一定知道哈佛大学是享誉世界的顶尖学府,但你知道哈佛大学的学习氛围是怎样的吗?

在哈佛大学的学生餐厅中,没有人会讨论今天的食物好不好吃,你甚至很难听到说话的声音,因为大家几乎都是在一边吃食物,一边看着手里的书。在哈佛大学的林间小道上,你会发现坐在长椅上的学子们,人人手上都捧着一本书,埋着头在阅读。在哈佛的医院里,生病的学生会一边候诊,一边看书、做题。

当然,在哈佛大学中,学习氛围最为强烈的地方当数哈佛大学图书馆。哈佛大学图书馆有这样一条馆训:"现在睡觉的话,会做美梦;现在读书的话,将会美梦成真。"尽管哈佛大学图书馆有着世界上最丰富的藏书,但依然覆盖不了学子们那颗对知识渴望的心。

曾经有一家电视台在凌晨四点半时突袭采访哈佛大学。记者们以

第二章 趁年少，多吃苦

为哈佛大学的走道上不会有人影，哪想到校园里热闹极了，很多学生抱着书匆匆地往教室或图书馆赶去。记者们来到图书馆后，发现这里灯火通明，座无虚席。尽管坐满了人，但是极为安静，因为每个人都沉浸在知识的海洋里。可见，在哈佛大学里，学生们的学习是不分白天和黑夜的。

在哈佛大学里，每个人的脚步都是匆忙的。他们赶着去教室上课，赶着去图书馆学习，也赶着将自己的人生书写得更为灿烂与辉煌。

哈佛是世界一流的学府，每个被录取的学生都是天之骄子。他们并非都有很高的天赋，而是极其刻苦。进入哈佛大学的学生们不仅没有松懈，还更为刻苦。所以，哈佛不只是一所优秀的大学，它更是一个人意志、精神、理想的证明。

小伙伴们，此刻我们不妨反思一下自己，你是怎样对待学习的呢？在碰到难题的时候，你是否会退缩？在瞌睡来临之际，你是否倒头就睡？在遇到困难的时候，你是否总是轻言放弃？小伙伴们，那些优秀的人并非都具有很好的天赋，但是他们都比一般人更加努力。所以，你还有什么理由不刻苦努力呢？

也许有很多小伙伴并不服气，觉得自己也曾经刻苦努力，但是没有别人优秀，于是将其归咎于自己的天分不足。著名发明家爱迪生曾经说过："天才就是1%的灵感加上99%的汗水。"不可否认，人与人之间确实存在天分的差距，但是，事实证明，勤能补拙，人们通过后天的努力，可以弥补天赋的差距，甚至超越那些天赋好的人。小伙伴们，你们是否读过《伤仲永》中的故事呢？仲永原本是一名神童，小小年纪就能写出令人惊艳的诗句和文章,然而父母只顾带着他拜访他人,把他当做赚钱的工具,从来不让他学习。等到十几岁的时候,他比普通人更为平庸。

在人生的起跑线上,你或许只差别人一步,但是你的懈怠和懒惰则会让你与别人的距离越来越远。相反,如果你比别人更努力、更用功的话,就有机会赶超别人。所以,从现在开始你一丝都不能松懈,要努力地朝着前方迈进。

一个人的成功并非一朝一夕,他必然付出了很多的努力。就比如东晋时期的王羲之,他之所以被称为"书圣",能够在书法领域取得那么大的成就,就是因为他的勤奋刻苦。

小伙伴们,你们知道"一万小时定律"吗?著名作家格拉德威尔曾经说过:"人们眼中的天才之所以卓越非凡,并非天资过人,超人一等,而是付出了很多的努力。一万个小时的锤炼是平凡人成为世界级大师的必要条件。"一万个小时定律其实就是说,你想在某方面有所成就,就要付出一万个小时的钻研和努力。小伙伴们,你们想有所作为,也要付出一定的时间与精力。

比如种植稻子,你只有经常施肥、浇水,勤快地为它除草,它才能长得饱满。未来的你是优秀还是糟糕,也全在于你年少时是否努力、刻苦。在此,我给你们提供以下几点建议。

第一,不要急于求成,要脚踏实地往前走。

正如我先前所说,万丈高楼始于一砖一瓦。倘若我们急于求成,偷工减料地筑造大楼,那么无疑是豆腐渣工程。所以,我们不仅要刻苦努力，更要脚踏实地，不能好高骛远，要制定适合自己的但是又有一定难度的目标，并逐步实现它。

图 2-2　脚踏实地，勇攀高峰

第二，要合理安排自己的时间，提高自己的学习效率。

比如，如果你在学习上花费了很多时间，但是没有得到相应的成果，那么就要考虑你的学习方法是不是出了问题。这个时候，你要学会合理地安排时间，或者寻找提高效率的学习方法。举个例子，在你非常疲惫、头脑不清的时候，学习效率很低。此时，你不如先去休息。当你休息过后，精力充沛了，头脑就会恢复清醒，此时再去学习，就会发现学习效率大大提升了。

一分耕耘，一分收获，你想要有所收获，就必须先付出努力。

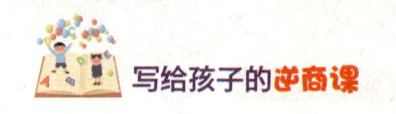

学海无涯苦作舟，坚持住啊！

"悬梁刺股"是一个成语，比喻废寝忘食地刻苦学习。但是小伙伴们，你们知道这个成语的典故吗？这个成语说的是发生在孙敬和苏秦两人身上的故事。

孙敬是东汉时期著名的政治家，从小就勤奋好学。当其他孩子喊他出门玩耍时，他总是礼貌地拒绝，独自在房间里看书。随着年龄的长大，他越发求知若渴，整日沉浸在知识的海洋中。

孙敬每日早早起床读书，到了晚上，便挑灯夜读。可以说，他读书到了废寝忘食的地步。然而，人都有疲惫的时候，孙敬读书的时间长了，也会感到疲惫。即便如此，他仍然咬牙继续坚持，以至时不时地打起瞌睡。孙敬意识到这样读书效率很低，便想出了一个方法：他找来了一根绳子，一头系在自己的头发上，另一头系在房梁上。每当他打瞌睡，头低下的时候，绳子就会拉扯他的头发。此时头皮传来的

第二章 趁年少，多吃苦

疼痛感立马就会让他变得清醒起来，他又继续投入到学习中。

苏秦是战国时期的政治家。苏秦年轻时，因为学识不精，没受到重用。他因此下定决心，发奋读书。

苏秦读书到深夜时，疲惫之下就会不自觉地打起盹来。为了能够让自己保持清醒，他想了一个方法：他准备了一把锥子。每当瞌睡时，他就拿锥子刺一下自己的大腿。因为疼痛，他就会猛然清醒过来，然后继续读书。

俗话说："活到老，学到老。"知识就像浩瀚无垠的星空，你永远也摸索不出它的边界在哪儿，也没有人能掌握所有的知识。即使学到老，你所掌握的知识也只是零星一角。但是有一点可以肯定，伴随着知识的增多，你的能力也能够得到不断提高。

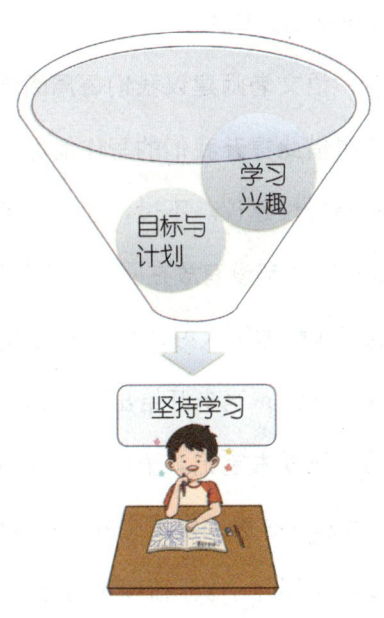

图 2-3 学习贵在坚持

小伙伴们，你们在学习的时候，有哪些感受呢？我想肯定会有一些枯燥感和疲惫。我们会感到枯燥，是因为事物太过单一；我们会感到疲惫，是因为投入当中的时间过长。而且，学习本身就是枯燥的，是需要我们投入大量时间的。我们只有在学习上投入足够多的时间和精力，才能够有所收获。如果说学习是一颗种子，那我们投入的时间和精力就是肥料，有了肥料，种子才会更好地生根发芽，开花结果。

古人说："书山有路勤为径，学海无涯苦作舟。"这是说，如果知识是一片无边无际的海洋，那么勤奋刻苦的学习态度就是一艘带着你驶向成功彼岸的船。小伙伴们，在学习的道路上，没有任何捷径可走。你想要获得知识，掌握技能，就要勤奋刻苦地学习。

学习是一件需要持之以恒的事，贵在坚持。当你持续不断地付出努力时，总会获得意料不到的成果。

我记得读小学时，语文老师建议我们每周阅读一篇好文章，并写一篇读书笔记。他希望借此提升我们的写作能力。如果我们愿意给他看，他也会给出一些指导性建议。不过，这个任务不是硬性的，完全是自愿的。所以，很多同学都没有放在心上，也就没有去做。

那个时候，我的写作能力不太好，写出来的作文如同流水账一般，令人读起来寡淡无味。所以，当老师给出这个建议后，我便决定按照老师的建议，每周写一篇读书笔记。于是，在其他孩子肆意地挥洒周末时光尽情玩耍时，我却待在房间里看文章，写读后感。

在这期间，当我听见屋外小伙伴们嬉闹玩耍的声音时，当小伙伴邀请我出去一块玩时，我也动心了，非常想和小伙伴一起玩。因为爱

第二章 趁年少，多吃苦

玩是孩子的天性，孩童时期的我也不例外。但是，每一次我都咬牙拒绝了小伙伴的邀请。因为我明白，想要提升写作能力，就必须多阅读和学习别人的文章，多练自己的文笔。

就这样，这个习惯我坚持了两年多。我不止积累了很多的课外知识，写作能力也大大提升。在此之前，我从没有想过自己可以代表学校去参加作文竞赛。后来，因为我的写作能力获得了很大程度的提升，每一次作文竞赛时，老师都会点名让我参加，而我也因此获得了大大小小不少的奖项。

学习讲究的是积累，讲究的是坚持。虽然学习过程是十分艰苦的，但是获得的成果却是甘甜的。就比如我，每周要比别人多写一篇作文，往往要花掉我整整一天的时间。尽管这个过程令我感到十分枯燥和疲惫，但是我尽可能地提高自己的积极性，努力去完成自己写作文的这个目标。当我发现自己的知识面拓宽了，写作能力提升了，并且在作文竞赛中获奖时，我感到十分的欣喜、快乐。更重要的是，它让我对自己的勤奋、刻苦产生了认同感，也更有动力将每周多写一篇作文这个习惯继续坚持下去。

那么，我们如何才能做到持之以恒地学习呢？

第一，要让自己对学习产生兴趣，因为兴趣是最好的老师。

仔细观察就会发现，我们在做自己感兴趣的事情时，不仅不会感到疲惫，反而还会动力十足。那么当我们对学习产生兴趣时，就能够做到持之以恒。所以，我们可以通过不断地挖掘学习中的乐趣，以此享受学习带来的成就感。渐渐地，你就会对学习感兴趣了。

第二，给自己制定学习目标，并列出具体的实施计划。

因为目标会激发我们前进的动力，会鞭策我们前行。当然，为了更加顺利地实现目标，也要罗列出不同时间段的学习计划。我们按照计划一步一步地落实学习目标，其实就是在坚持。

可以说，古往今来，那些获得非凡成就的人都具有勤奋刻苦的优点。就像"悬梁刺股"中的孙敬和苏秦，他们努力学习，掌握了足够多的知识，最终受到重用，成了有名的政治家。小伙伴们，悬梁刺股这种方式虽然不可取，但是我们可以学习他们勤奋和刻苦学习的态度。

那些纨绔子弟后来怎样了？

在成长的过程中，我们总会听到老师或父母在我们的耳边念叨："要好好学习。""学习可以改变命运。""学习可以创造财富。"但是这样的话语对于家庭条件好的孩子可能起不了多大的作用。

因为有些孩子一出生就已经领先于其他孩子，父母也给他们创造

第二章 趁年少，多吃苦

了足够好的生活条件。但是，我要说的是，如果不好好学习，你有足够的能力去守住那些财富吗？答案肯定是没有，再多的金山银山终会有一天被挥霍一空。

小伙伴们，我曾经看过这样一个童话故事。有一个富饶的国家，国王和王后结婚多年，始终没有孩子。国王每天唉声叹气，觉得自己后继无人。忽然有一天，王后怀孕了。不久，孩子出生了，这个国家也迎来了他们的小王子。

国王和王后对小王子十分溺爱。很快小王子到了上学的年龄，小王子的教育和学习也提上了日程。

小王子作为未来的国王，需要学习很多知识，以此保障国家的繁荣发展。小王子刚开始学习时，很有新鲜感。但时间一长，小王子就坐不住了，他开始向国王和王后哭诉学习的辛苦和无趣。国王和王后看到小王子的眼泪后，心疼极了。他们非但没有鼓励小王子学习，反而免除了他的所有课程和学习。

不用学习的小王子，每天都想着怎么玩耍。他每天和仆从们在王宫里斗蛐蛐、捉迷藏。等到所有游戏都玩腻了，他也逐渐长大了。不过，他的玩心并没有随着年龄的增长而收敛，反而越发膨胀，他将自己的快乐建立在了其他人的痛苦之上。

比如小王子喜欢花，他便让士兵们割掉地里快要成熟的麦子，种上了各种奇异的花；他喜欢华丽的城堡，便让手下强行掳来很多人，让他们夜以继日地建造城堡。等到国王和王后死去，小王子继承王位后，越发变本加厉。最终，小王子的统治被人民推翻了。

在这则童话故事里，小王子一出生就拥有了整个王国和无穷的财富。可以说，他拥有无数人羡慕的财富和权力，但是，游手好闲，不务正业，又使得他失去了这些财富和权力。同样，在这个世界上，有很多小伙伴的家庭条件很好，但是如果你不努力学习，不培养和提高管理和创造财富的技能，只顾玩耍、享乐，就会跟小王子一样失去已经拥有的一切。

图 2-4　攀上知识高峰

亲爱的小伙伴，你需要明白，父母的财富并不是你的财富。或许他们很有能力，能够给你创造一个无忧无虑的生活环境。但是随着父母的老去，或是碰到其他意外，比如说经营的企业破产了。到了那个时候，你再发奋学习已经晚了。其实，在现实生活中，我们可以看到

第二章 趁年少，多吃苦

很多纨绔子弟最终落魄失败的例子。当失去了优渥的生活条件后，没有能力的他们就会被这个社会淘汰，有的甚至为了金钱而走上不归路。所以，我们不能怀有"父母能一直庇佑我们"的侥幸心理，而是要树立凡事依靠自己的理念。

父母为我们创造了良好的条件，这一点很值得我们珍惜，因为我们可以依靠良好的先天条件去提升自己，让自己变得更加优秀。这就好比在人生的起跑线上，你穿了一双合脚且擅长跑步的鞋，那么你就要把握好这个优势，让自己遥遥领先于别人。

维克多·格林尼亚是诺贝尔化学奖获得者，但是，很少有人知道这位优秀的科学家年轻的时候是一位纨绔子弟。

格林尼亚出生在一个富贵家庭，住着富丽堂皇的城堡，吃穿用度也是最好的。父母对他很溺爱，他想干什么就干什么，想要什么父母就给什么，这使得他小小年纪就养成了游手好闲的恶习，却对学习没有一丁点儿的兴趣。好在有人给了格林尼亚当头一棒，让他重新走上了正途。

有一回，格林尼亚去参加一场宴会。在宴会上，他看上了一个女孩。当他邀请女孩跳舞时，女孩拒绝了，并用厌恶的语气对他说："请你离我远点儿，我最讨厌你这种不学无术的纨绔子弟。"女孩的话让格林尼亚羞愧难当，也让他意识到自己在别人眼中的形象是多么糟糕。

格林尼亚因为这件事而幡然悔悟，他开始努力学习。但是，以他的成绩根本没有资格进入大学。后来，父母聘请一位老教授来教他。格林尼亚废寝忘食地学习，居然用不到两年就把落下的功课全部学完了，并考入了里昂大学。因为他从来不用为经济问题而烦恼，所以一心扑在学业上，并获得了诺贝尔化学奖。

如果格林尼亚出生在一个贫穷家庭，他耗费时光不学无术的结果就是，生活变得一团糟。但是格林尼亚出生在一个富裕家庭，这让他拥有了重新来过的机会，父母聘请教授教他知识，他不用为金钱、生活而忧愁，他只要用心地刻苦学习，就能获得回报。

读书不是我们唯一的出路，但是一条更容易通向成功的路。不管我们出生在怎样的家庭，都不能荒废时光，放弃学习，特别是有着良好的家庭条件的小伙伴们，更应该珍惜、把握优越的学习条件，努力成为更优秀的人。

小伙伴们，你们需要有这样的觉悟。

第一，要正确认识学习，明白学习不仅是为了能够创造更好的生活条件，也是为了丰富自己的知识。

在这个社会，有些人是通过学习来实现逆袭的，但是有些人一出生就拥有取之不尽的财富。然而，当你尽情地沉浸在纸醉金迷的生活中后，就会发现内心无比的空虚。但是，当你全身心地投入学习，不断充实自己的内心，丰富自己的思想，便能找到生活的意义。

第二，你需要树立责任感，有了责任感，才能激发学习的动力。

在你小的时候，父母会为你提供好的生活条件，但是当父母老去的时候，你就需要尽自己的能力，为父母提供好的生活条件。所以，你需要树立照顾父母、为自己负责的责任感。当有了这种责任感时，你就会激发努力学习的动力。

第二章 趁年少，多吃苦

孩子，现在的你需要"自讨苦吃"

小伙伴们，你们知道祖逖吗？他是东晋时期著名的军事家、民族英雄。"闻鸡起舞"这个成语讲述的就是他的故事。

祖逖生活的时期，国家日渐衰败，时常爆发内乱和战争，百姓生活在水深火热之中。年幼的祖逖看到百姓流离失所，内心非常难受。因此，祖逖一直有一个理想，那就是发奋读书，认真习武，救民于水火。渐渐地，他的学问和武艺有了很大的提高。

祖逖是一个勤学好问的人。他常常去请教一些有真学识的人。与他相识的文人武夫，纷纷夸赞他未来必是国家栋梁。后来，有人推荐他去做官，被祖逖拒绝了。因为他觉得自己学识还不够，需要继续读书。

祖逖的好友刘琨和祖逖一样有远大的抱负。两人经常聚在一起谈论国家大事，有时候他们谈到深夜，就会在一张床上休息。第二天早上，两人又一起练武，以便能够更好地报效祖国。有一天，祖逖和刘琨不知不觉又谈到了深夜。睡梦之中，祖逖听到了一声鸡鸣。于是，祖逖翻身起床，对刘琨说："既然已经鸡鸣了，我们不如起床去练剑。"于是，两人天没亮就跑出去练剑了。

祖逖和刘琨约定，什么时候鸡鸣，就什么时候起床练剑。此后，不管刮风下雨，不管严寒酷暑，两人从来没有间断过。正因为刻苦努力，他们文能写出惊才绝艳的好文章，武能领兵打胜仗。

祖逖和刘琨能文能武，全是因为刻苦学习得来的。也因为刻苦，使得他们实现了报效祖国的理想。小伙伴们，你们所处的是一个处处充满竞争的社会，如果你想拥有光辉的未来和耀人的成就，不只要学会吃苦，更要"自找苦吃"。就像祖逖，没有人监督他，他完全是自己主动去吃苦，刻苦学习知识和武艺。

我曾经看到一则新闻：有一位单亲妈妈一天打好几份工，几十年如一日，终于将孩子养大。孩子毕业后，参加了工作。她本以为可以放下肩膀上的担子，好好休息，可是孩子干了不到一个月，就辞职了。妈妈问孩子为什么要辞职，孩子回答说工作太辛苦了，不只要早起，晚上还常常加班。之后，孩子在家待了整整两年，每天不是上网，就是打游戏。无论妈妈怎么催促他去找工作，他都不为所动。

小伙伴们，你们知道这个孩子为什么会变成这样吗？其实原因既在于妈妈，也在于孩子。

首先，父母对孩子过于溺爱，会造就孩子的懒散。父母希望孩子有一个好的未来，为了让孩子能够全身心地投入到学习中，往往会包

第二章 趁年少，多吃苦

揽孩子的所有琐事。当孩子从小到大都未吃过苦时，长大步入社会后，又怎能吃得了苦呢？

其次，孩子本身缺乏主动性，不愿意吃苦。小伙伴们，你们是不是曾经因为害怕吃苦而逃避呢？然而，有了第一次逃避，就会有后面的无数次逃避。渐渐地，你就会因为不愿意吃苦而养成懒惰的习惯。

如果将这两个原因分一下主次，其中父母对孩子的溺爱是导致孩子懒惰的次要原因，孩子不主动吃苦是主要原因。因为但凡我们能够坚持"自讨苦吃"，父母也会对我们无可奈何。

俗话说："小亏不吃吃大亏，小苦不吃吃大苦。"这就是说，一个人不愿意吃小亏，那么以后就会吃大亏；一个人不愿意吃小苦，以后就会吃大苦。当我们长大后，就会离开父母独立生活，将会遇到无数的挫折和困难，如果我们从小就肯吃苦，能吃苦，勤奋学习努力提高本领，就会有勇气和能力去对抗苦难和挫折。相反，如果我们从小不曾吃苦，没有努力学习，提高本领，那么这些苦难就成了我们难以越过的高山。所以，只有我们小时候吃的苦多了，练就了一身本领，遇到再大的困难，也就不会觉得有多苦了。

亲爱的小伙伴，趁着年少时，你要多吃一点儿苦，下苦功夫，苦练本领，不断提高自己的能力。在吃苦的过程中，你不只能获得解决问题的方法和技巧，还能提升自己的勇气、抗挫力。所以，现在的你不仅要吃苦，还要"自找苦吃"。

我有一个同学，他出生在一个富裕家庭，父母对他尤为宠爱。当父母对他大包大揽时，他选择了拒绝，因为他一直有一个远大的梦想：

成为一名军人。他清楚地明白，作为一名出色的军人，除了要有极强的独立能力、毅力、抗挫力外，更需要智慧。

所以，在其他同学还需要父母接送上下学时，他就已经开始独自上下学；在其他同学拖拖拉拉地进入教室时，他已经在操场上跑了两圈；在其他同学抱怨老师布置的作业太多时，他已经提前预习好了课程。

图 2-5　只有吃苦才能换来成功的甜

我的这位同学，从小到大，不止体育成绩很出色，文化课成绩也十分优异。由于十多年如一日的坚持，他最终考取了军校，实现了自己最初的理想。

现在回过头来仔细地想一想，他之所以能够成功，是因为他肯吃苦，并且是肯"自找苦吃"。相反，倘若他不拒绝父母的大包大揽，也不在学业上下苦功夫，那么他的理想终究是泡影。可见，年少时多吃

第二章 趁年少，多吃苦

苦，才有可能将来取得较大的成就。

那么，我们应该如何"自找苦吃"呢？

第一，要学会拒绝父母的包揽，自己的事情自己做。

小伙伴们，温室里的花朵虽然美丽，却很脆弱，经不起风雨的吹打。父母无微不至的照顾，其实也是一间温室，而且你长时间生活在这样的环境中，未来也经不起挫折，也很难有较大的成就。虽然有些事情做起来很辛苦，但是能锻炼你的本领和韧性，让你成长为一棵无坚不摧的大树。所以，"自找苦吃"的第一步就是要拒绝父母的包揽，学会独立。

第二，不给自己留退路，要主动去吃苦。

很多小伙伴虽然有吃苦的念头，但真正执行起来，就退缩了。对于这样的情况，要果断地斩断自己的退路，逼迫自己必须去吃这个苦。比如，你的体能很差，需要经常锻炼，那么在学校举办运动会的时候，你可以主动报名。当你没有退路，又想获得一个好名次时，就会主动去训练，从而强健自己的身体。

当然，最为重要的一点，就是你要学会调整自己的心态，明白现在吃苦，都是为以后打基础，这样才能在未来战胜困难，取得更大的成就。

第三章

不经历风雨怎能见彩虹

谁也不愿遭受打击，
但这是命运馈赠的珍贵礼物

　　每棵参天大树，在成长的过程中，必定经历过无数次的风吹雨打。而每颗强大的心灵，必定遭遇过无数的挫折和磨炼。我们要珍惜人生中遇到的每一次磨难，因为只有经历风雨才能看见彩虹，那些打击正是命运赠给我们的珍贵礼物。

第三章 不经历风雨怎能见彩虹

天将降大任于小孩，
必先让其经历风吹雨打

孟子是战国时期著名的思想家。他的文章《生于忧患，死于安乐》中写道："故天将降大任于是人也，必先苦其心志，劳其筋骨，饿其体肤，空伐其身，行拂乱其所为，所以动心忍性，曾益其所不能。"

这句话的意思是说，上天要将重任交给一个人，就一定会先让他内心痛苦，让他身体劳累，让他忍受饥饿，让他承受贫穷之苦，使他所做的事情事与愿违，这些种种可以使他的心灵受到震撼，内心变得坚韧，增加他原本不具备的能力。

事实上，在我们的一生中，总会遇到一些挫折。也正如孟子的这段话所言，在遇到挫折和困难的时候，我们就会内心痛苦，而且不同的挫折与困难给我们所带来的影响也不尽相同，但是都会对我们的身体和心灵造成伤害。

然而，当你勇敢地去面对这些挫折时，你就会发现翻越了挫折这座大山，就会柳暗花明又一村。你就会发现你的心性变得更加坚韧了，你的综合能力进一步提升了。下一次再遇到同样的问题时，你就会发现以前认为不可能做到的事情现在却变得那么微不足道。可见，在人生的道路上，只有受过伤才会让你变得更加坚强。所以，亲爱的小伙伴，你想要拥有傲人的成就，就要先承受风吹雨打。

你们一定知道海伦·凯勒，她是一位著名的作家、教育家，她的代表作《假如给我三天光明》给了无数人积极向上的启迪。海伦·凯勒的人生很坎坷。她遭遇了巨大的打击，但是她勇敢地面对打击，并获得了新生。

在海伦·凯勒一岁多时，灾难降临在她的身上：一场高烧，使得她失去了听力和视力。高烧过后，她的眼睛再也看不见这个世界的五彩缤纷，她的耳朵也听不见任何声音了。这让她无法像正常人一样学习说话。

在海伦·凯勒七岁那年，父母给她请来一位家庭老师。这位老师很有耐心，教海伦·凯勒学习手语和盲文，还教她用手感受别人的嘴唇变化来学习说话。然而，这些对海伦·凯勒来说太难了。她有时候控制不住自己，常常大发脾气；有时候会失落沮丧，想要放弃。但是，每到这个时候，她的老师都会关爱她，鼓励她，使得她有勇气去克服遇到的每一个障碍。最终，她完成了自己的学业，掌握了五种语言。

海伦·凯勒的人生很不幸，但是她克服了挫折和困难，成了一名

第三章 不经历风雨怎能见彩虹

教育家、作家，并且走遍了世界各地，帮助了很多与她同样身患残疾的人。

在现实生活中，与海伦·凯勒一样遭受重创的人还有很多，比如张海迪、霍金，但是他们在遭遇打击的时候，并没有妥协、萎靡不振，而是拿出莫大的勇气去面对现实，并尽自己所能去克服困难，最终浴火重生，走出了一条属于自己的康庄大道。

小伙伴们，不可否认，我们在遇到打击时，内心很受伤，很难过。但是，换一个角度想一想，如果不经历这些打击，你怎么能从一棵脆弱的小树苗长成一棵可以抵御风雨的参天大树呢？人生中的打击，其实就像一块磨刀石，它能够让我们的刀刃更加锋利，能够让未来的你更优秀。

在我成长的过程中，也曾遇到过许多挫折。但是，我发现这些其实都是命运送给我的珍贵礼物，因为它促使我朝那个更好的自己迈进。

我在读小学时，是个品学兼优的孩子。从小学一年级到小学四年级，我一直担任班长。我的老师是一个不喜欢做大的变动的人，因为他选出来的班干部鲜有变动过。于是我认为，我会一直当班长当到小学毕业。然而在四年级下学期时，老师忽然对班干部进行了调动。

我记得那是开学的第一天，在老师进入教室之前，我管理着班级的纪律。老师进入教室后，先是询问了一番寒假作业的完成情况，然后就说到班干部的调动问题。老师说，这个学期的班长由另外一名同学担任。

当时，我听到这个消息后，有些不敢置信。当我看到同学们纷纷把视线投注到我的身上后,我顿时难堪得恨不得找个地洞钻进去。那一天我是在恍恍惚惚中度过的。我根本没有听到老师上课说了什么,甚至连老师布置了家庭作业都不知道。回到家后,我把自己关在了房间里,父母喊我吃饭,我也拒绝了。第二天,我跟父母闹着不想上学。

图 3-1 挫折就像刻刀将你雕琢得更加优秀

父母询问我不想上学的原因,我将这件事情告诉了他们。父亲对我说,老师对班干部做出调动,肯定是有原因的。他建议我自己去问一下老师调动班干部的原因。同时,他很严肃地跟我说:"没有人能从小到大一直当班干部。既然你没有被老师选为班干部,就应该坦然

第三章 不经历风雨怎能见彩虹

地面对现实。"后来,我终于鼓起勇气去问老师这样做的原因。老师跟我说,担任班长这个职务必须首先管好自己。他新选的这位班长是一个自觉性极差的孩子。他希望对方能在担任班长的过程中学会管好自己。另外,他觉得我的成绩有所下降,希望我能将更多的精力放在学习上。

其实,老师的话依然让我对没能当上班长这件事耿耿于怀。但是正如父亲所说,老师这样做必然会有他的原因,我只能坦然地去面对,去接受。当我试着接受现实后,我发现这样做并没有那么难。更重要的是,为了让老师和同学们刮目相看,我努力学习,成绩真的提升了很多。

百炼成钢,我们都知道铁经过火的淬炼,经过千万次的锤击,才能变得异常坚硬。同样,我们受过无数次的打击,意志也会变得无坚不摧。因此,我们必须迎接风吹雨打,不断磨炼自己的意志,不断提升自己的本领。那么,具体该怎么做呢?

第一,当伤害已经造成了事实时,一味地逃避只会让伤口久而不愈,越发严重。相反,只有对伤口及时处理,才会有愈合的可能。所以,当你遇到打击的时候,不要想着逃避,而是应该勇敢地去面对,你要坚信自己可以克服任何困难,使自己逐渐强大起来。

第二,不要想着依靠父母或他人帮助来解决面临的问题,如果是那样,那么下一次遇到相同的打击时,你依然无法承受。小伙伴们,人生中的每一次打击都是对你的一次锻炼,它能够磨炼你无坚不摧的意志,锻炼你卓尔不凡的本领。所以,只有你把打击当做对自己的考验,才能够克服困难,并且获得成长。

　　小伙伴们,人生就像是一次航海,没有永远的风平浪静,也没有永远的一帆风顺。在这次航行中,你可能会迷失方向,可能会遭遇狂风骇浪,也会碰到各种各样未知的困难和风险,如果你没有一颗强大的内心,将很难坚持下去。

那个神奇的曼巴精神,你了解吗?

　　爱打篮球的小伙伴们一定知道科比·布莱恩特,他是NBA著名的球星。他在赛场上展现的风姿和耀眼的成绩使得他的球迷遍布全球的每一个角落。不过,你知道与科比息息相关的那个神奇的曼巴精神吗?

　　科比有一个绰号,叫作"黑曼巴",而真实的黑曼巴是一种生活在非洲草原上的毒性很强的蛇。这种蛇看似微不足道,但是攻击力极强,一旦瞄准猎物,哪怕敌我悬殊,也绝不放弃,绝不逃避,正如科比在球场上的表现一样。所以,曼巴精神其实说的就是科比精神,它代表

第三章 不经历风雨怎能见彩虹

了永不退却、从不逃避、绝不放弃，势必在困难中创造出奇迹。

当然，科比曾亲自给曼巴精神下了一个定义。他认为，曼巴精神的内涵在于热情、执着、严厉、不屈和无惧。热情是他对篮球的喜爱；执着是他对胜利的渴望；严厉是他对自己的高要求；不屈是他面对伤痛和低潮时以积极的态度回击；无惧是他对比赛的态度。

在科比的职业生涯中，有过高光时刻，也经历过低谷。但是，科比凭着曼巴精神克服了重重困难，再创辉煌。比如，他曾经历过一段短暂的低潮，但他并没有因此颓废，而是全身心地投入到训练中。每一天在训练结束后，当球场内的灯光关闭时，其他队员都回去休息了，科比却依旧在黑暗中练习投球。直到上赛场的最后一秒，他都在刻苦地训练。在比赛中，他时刻保持着铁桶般滴水不漏的防守，一抓住机会就展开黑曼巴式的进攻。最终，他在比赛中获得了很好的成绩。

曾经有记者问科比，他为什么会取得成功？科比说，他知道洛杉矶每天凌晨4点的样子。当科比脱掉自己的8号球服，穿上了24号球服时，别人问他原因。他说，24号代表着24小时，他希望将自己所有的时间和精力都投入到篮球的训练当中。可见，科比能够跨越阻碍，创造赛场奇迹，全在于他的勤奋刻苦、不屈不挠、无所畏惧，全在于他的曼巴精神。

小伙伴们，你们是否具有曼巴精神呢？

我们不妨试想一下，在你的身边，是否有这样小伙伴：他明明和你一起经历了同样糟糕的事，但是他能够快速地振作起来，而你却一直一蹶不振。如果你没有这样的小伙伴也没关系，可以听一听我的这段经历。

我有一个很好的朋友，我和他志趣相投，都很喜欢写作。小时候，我们都梦想着自己写的文章能在文摘、报刊上发表，所以我们经常会给这些出版机构投稿。可能是我们的年龄很小，文笔缺乏历练，以至每次投出去的稿件都是石沉大海。不过，有几家报刊倒是很负责任，不管我们的稿件是否被录用，都会及时地给我们回复消息。有时候，编辑还会给我们提出一些写作建议。

绝大多数时候，他们给我们的回复是温和的，不是告诉我们哪里写得不好，就是鼓励我们再接再厉，继续投稿。他们的回信让我和朋友总是动力满满的，想在写作这条路上一直走下去。直到有一天，我们收到了一家文摘杂志发来的一封带有批评性的回信。

这份回信的主要意思是说，我们给他们寄稿的频率很高，但是文稿的质量并不好。编辑说，他仔细阅读过我们寄给他的每一篇文章，没有一丁点儿的进步。更为打击人的是，他认为我们在写作上没有天赋。他甚至建议我们不要把那么多时间花在写作上，而是应该要花在学习上。

不可否认，这份回信对当年幼小的我们造成了极大的伤害，为此我失落、沮丧了很久。但是我是一个不服输的人，我继续热爱着写作，努力提升自己的写作水平，也依然会给报刊邮寄稿件。但是，朋友的自信心已经被那封批评的回信击溃，他选择了彻底放弃写作。

每一个人在成长的过程中都会遇到很多的挫折和打击。小时候，你可能会遇到最好的朋友和你绝交；你原本每次考试都名列前茅，但

第三章 不经历风雨怎能见彩虹

忽然有一天遭遇了滑铁卢。长大后，你可能会面临职场失意，也可能会遭遇感情波折。如果你没有一颗强大的心灵去面对这些打击，就极有可能从此陷入一蹶不振。所以，我们需要曼巴精神，它能够使我们突破迷障，走出重围。

那么在面对困难与挫折的时候，我们应该怎么做呢？

图 3-2 曼巴精神

第一，不要畏惧，把挫折当作是对自己的锤炼。因为这些困难和挫折会将你的心灵塑造得无坚不摧。我举一个简单的例子。一个从来没有遇到过挫折的人，如果突然遭遇了挫折，其心态肯定会受到极大的影响，但是那些意志坚强的人，则会将挫折视为常态。所以，当一个人能够勇敢地面对挫折和困难时，心灵就会强大起来，未来遇到更大的挫折与困难时，也会坦然面对。

第二，正确地看待困难和挫折，能让你未来的路途更顺畅。因为每一次遇到困难和挫折时，不管你是否战胜困难，你都能从中总结一些失败的教训，收获一些解决问题的经验。这些都是十分宝贵的财富，能够让你在下一次遇到相同或相似的困难时，顺利地解决问题。

小伙伴们，虽然巨星科比已经离开了人世，但是他的曼巴精神依然存在。

坚强是一种态度，不是一个口号

小伙伴们，你们知道历史上有哪些性格坚强的名人吗？比如越王勾践，他就是一个性格极为坚强的人，遇到挫折时从不退缩，也从不怨天尤人。他的坚强可不是喊几句口号，而是表现在实际行动中。

公元前496年，吴王阖闾派兵攻打越国，然而越国兵力强盛，吴国大败而归，吴王阖闾也受了重伤，没多久就去世了。他在临死之前叮嘱儿子夫差一定要为自己报仇。夫差谨记父亲的叮嘱，没日没夜地练兵，最终打败了越国，越王勾践被俘。

勾践想自杀，谋臣献计说，吴国大臣贪财好色，只要贿赂一番，就能替他向夫差求情。勾践听从了谋臣的建议，他也觉得"留得青山

第三章 不经历风雨怎能见彩虹

在，不愁没柴烧"。在面见吴王夫差时，勾践不仅献上了珍稀宝物，还称愿意为奴。夫差见勾践甘愿当自己的奴隶，便觉得越国和勾践都不足为患，所以从越国撤了兵。

勾践为了让夫差放松警惕，带着妻子和大臣一同前往吴国，伺候夫差。他每日不是放牛，就是放羊，渐渐地获得了夫差的信任。不久，夫差认为勾践已经臣服了吴国，再也不会对自己构成威胁，就释放勾践和他的大臣回国。

勾践回到越国后，立志发愤图强，发誓要击败吴国。为了不让自己沉溺于舒适的生活，勾践每天晚上睡在草堆上。为了时刻谨记做俘虏时的屈辱和艰苦，他在房梁上挂了一只苦胆，每天都会尝一尝苦胆的味道。就这样，勾践花了十多年的时间，终于让越国重新变得兵力强盛，粮草充足。

这个时候，吴国已经在走下坡路。所以，当勾践举兵攻打吴国时，吴国屡战屡败，最终走向了灭亡。

小伙伴们，这就是越王勾践卧薪尝胆的故事。勾践的坚强表现在多个方面。首先，在越国被夫差打败时，勾践勇敢地面对现实，并想方设法地抓住活下去的机会。其次，在吴国生活的几年里，他不只要应对夫差的刁难，还要面临吴国大臣对他的羞辱，但是每一次勾践都咬牙坚持了下来。为了报仇他必须忍辱负重。勾践回到越国后，发愤图强，励精图治，数十年如一日地严于律己，这需要莫大的毅力才能坚持下来。

图 3-3 坚强可击碎一切拦路石

著名史学家司马迁也是一个性格极为坚强的人。他的人生极为坎坷，但是他咬牙坚持走了下去。司马迁出生于名门望族，从小接受良好的教育，成年后步入了仕途，然而他却遭受了宫刑。这种刑罚足以让人痛不欲生，但是司马迁展现出了坚强的一面。他忍受着屈辱，无比坚强地完成了《史记》的编撰。

古往今来，有许多人凭着坚强的品格获得傲人的成就。小伙伴们，你是个坚强的人吗？

在此，我们不妨回忆一下，当你被父母或老师批评时，你是正确地面对自己的不足，还是为他们对自己的批评而感到不忿呢？当你面临失败时，你是坦然地接受现实，还是选择怨天尤人呢？在遇到挫折时，你是咬牙去承受，还是不敢去面对呢？当遇到困难时，你是勇往直前，还是选择放弃呢？

第三章　不经历风雨怎能见彩虹

可以说，在一个人的成长过程中，必然会受到别人各种各样的批评和指责，必然会面临一些失败，也必然会遭遇一些挫折和困难，如果内心不够坚强，必然是很难承受、应对这些打击的。所以，我们需要培养自己坚强的品质。

然而，坚强并不是喊口号，而是一种态度，更是一种信念。只有将坚强的品格融入骨髓之中，才能展现出坚强的一面。比如在生活中，我们常常看到有的人在遇到打击时，嚷嚷着"我要坚强"，但实际上并没有展现出坚强的一面，很快就会败于现实。反倒是那些沉默稳重从不喊口号的人，往往会用实际行动去应对困难，而这更能展现出坚强的一面。

我十分敬佩我的同学李妮，因为李妮是一个极为坚强的女孩。她从不将"我要坚强"当成口号说出来，而是默默地展现着自己坚强的一面。也正因为她足够坚强，使她获得了一般人无法企及的成就。

李妮是我们班里的贫困生。她的母亲身体不好，干不了重活，家里全靠父亲务农和打零工赚钱。虽然李妮的父亲赚的钱不多，但是能够养家糊口。命运似乎对这个家庭很不眷顾，在李妮读小学五年级时，父亲在去打工途中出了车祸，失去了两条腿。

这对李妮来说，是一个巨大的打击。从此，照顾父母的重任几乎都落在了她的身上。但是，她坚强地面对这一切。她每天早上安顿好父母后才去上学。放学回家后，她会做家务，干些农活。晚上父母睡着了，她才开始拿出书本学习。尽管生活充满了坎坷，但是她勇敢、坚强地面对这一切。

后来，李妮的父亲也开始振作起来，找了一些手工活。不久，又一个噩耗降临了：她的母亲病得越来越重。那个时候，李妮已经读高三了，不久之后就要参加高考。但是，她的母亲在医院需要有人照顾。李妮经过一番深思熟虑后，决定休学一年。这一年里，李妮经历了母亲去世，背负了更多的外债。

这些遭遇对一个还没有步入社会的女孩来说绝对是沉重的打击。但是，李妮不仅勇敢地面对这一切，还继续坚持自己的学业。她在复读一年后，考取了一所重点大学。正是因为她的坚强，使得她在职场上无往而不利。

我认识李妮多年，每个人都同情她的遭遇，但她从来不对别人"卖可怜"，也从来不对别人说"我要坚强"之类的话。她只会默默地用实际行动来展现自己的坚强。

人生的道路上有很多拦路石，坚强就是一把锤子，能够击碎那些拦路石。换句话说，任何困难和挫折，在坚强的人面前都像纸老虎一样不堪一击。

那么，如何做一个坚强的人呢？

第一，在遇到困难和挫折的时候，不要退缩，而是勇敢地面对，树立克服艰难险阻的信心。失败是成功之母。你就像一棵小树苗，只有经历风雨才能茁壮成长，才能长成一棵参天大树。

第二，努力提升自己的能力。只要你的能力获得了提升，就不会畏惧任何困难与挫折，这也是一种坚强。因为很多时候，你不敢面对困难与挫折，是因为你没有能力应对这些，或者怕自己应对不好。但

· 第三章　不经历风雨怎能见彩虹 ·

归根结底，还是自己的能力不足。当你的能力足够强大时，就会无所畏惧，就能够披荆斩棘，勇往直前。

小伙伴们，坚强与懦弱，其实只在一念之间。当你选择用坚强的态度面对人生波澜时，你的人生就会变得更加绚丽多彩。

苦难里走出的天使

人生是一片战场，战场中埋藏了很多地雷，没有人知道自己下一步是否会踩到地雷。那么，当踩中地雷，已经造成伤害时，我们应该如何面对呢？

我曾经看过一档综艺节目，舞台中央放了一架钢琴。当人们期待表演者登上舞台演奏时，却走来了一位无臂青年。观众们面面相觑，只见青年脱去鞋子，脚趾十分灵活地落在钢琴键上，顿时悠扬的钢琴曲响了起来。评委问青年是如何做到的，青年说："我的人生中只有两条路，要么默默无闻地死去，要么精彩地活着。"

青年是一位无臂钢琴师，是一位从苦难里走出的天使。

人的命运是未知的，没有人能预言下一秒会发生什么。这个青年在10岁之前身体是健全的。他和普通孩子一样每天无忧无虑地嬉戏玩耍。然而在10岁那年，不幸降临在他的身上：他因为触电而失去了双臂。

青年说，在失去双臂的那一刻，他的脑袋里一片空白。那时他虽然年纪很小，但是没有对人生产生绝望，也没有想过放弃。他积极配合医生做康复治疗，并遇到了一位同病相怜的病友。在病友和家人的鼓励下，他仅用半年时间就能用脚洗脸、刷牙、吃饭，甚至写字。尽管他遭遇了巨大的打击，但是他依然积极地投入到学习当中。所以，每次考试，他都能考取不错的成绩。同时，青年也遇到了很多善良的人，这些都让他对未来的生活更加憧憬。

青年受世界杯的影响，喜欢上了运动。在12岁那年，他开始学习游泳，并以优异成绩进入北京残疾人游泳队。之后，他又开始憧憬着能够在残奥会上获得金牌。这是他人生的新目标。然而，命运又跟他开起了玩笑：他患上了疾病，不能再去运动，否则就会有生命危险。青年无奈，只好放弃。

青年并没有迷茫，而是积极地重新寻找人生的方向。此时，他喜欢上了音乐，决定学习钢琴。青年没有双臂，这就注定了他在音乐道路上走得十分艰难。虽然他被音乐学院拒绝了，但他还是付出了很多时间和精力去练习钢琴。即使再艰苦，他也没有放弃。而且他的努力也收获了回报——他的钢琴演奏获得了很多人的赞赏。

节目播出后，青年勇敢地面对人生苦难的态度感动了无数人。尤

第三章 不经历风雨怎能见彩虹

其是那些与青年有着相同经历的人,他们也开始积极地寻找人生的方向。

小伙伴们,这个世界上没有绝对的完美,我们的人生或多或少都会有一些遗憾,比如你可能拥有帅气的外表,但是个头矮得可怜;你可能拥有聪明的脑袋,但是身体不太健康;你可能拥有较好的生活条件,但是父母的感情很不好。当然,你也可能在下一秒就会遭遇命运给予的"珍贵礼物"——那些突如其来的打击与伤痛。

图 3-4 无臂钢琴师

当伤害已经变成了现实,如果选择逃避的话,只会令伤害像滚雪球一般越滚越大。反倒是坦然接受,勇敢面对,你才能不断地磨炼自己的意志,锻炼自己的本领。

星星之火，可以燎原。人生中的打击给人们带来的伤害，就像草原上的星星之火，如果不能正确应对，星星之火就会越烧越旺，最后不可控，给人们造成更大的伤害。所以，在遭遇打击时，你一定要勇敢地面对，正确地处理，将打击带来的伤害降到最低。

小伙伴们，当你勇敢地面对那些打击后，你就会发现你变得比以往更加强大。如果你不相信，就不如听一听他们的故事。

比如著名数学家华罗庚的人生也很波澜起伏。他在求学期间，曾因没有学费中途退学。但他没有放弃学习，而是顽强自学，用几年时间就学完了高中和大学的数学课程。后来，他又染上了疾病，并落下了残疾，但是他依然全心全力地投入到数学研究中，取得了非凡的成就。

又比如霍金，他是闻名世界的物理学家和天文学家。霍金在青年时患上了会导致肌肉逐渐萎缩的渐冻症，这对他来说是一个巨大的打击。但是，哪怕后来病情越来越严重，浑身上下完全不能动弹，他也没有放弃自己的理想。他重拾信心，排除万难，投入到了对物理和天文的研究当中，而他的研究也促进了科学的进步与发展。

值得一提的是，霍金在被诊断患了渐冻症后，医生的数次诊断都表明，他活不了多久。但是，霍金坚强地活到76岁高龄，创造了生命奇迹。

小伙伴们，你们知道墨菲定律吗？它是说，你越不希望发生的事，就越有可能发生。所以，我们需要有迎接挫折、面临打击的意识。当伤害已经发生时，我们应该积极地面对现实，尽自己最大努力改变现

第三章 不经历风雨怎能见彩虹

状，走出困境，迎接未来。

那么，我们在遭遇巨大的打击时，该怎么做呢？

第一，既然无法避免人生中的打击，那就试着去承受。

需要注意是，你在承受打击时，可以积极地面对问题，冷静地思考，寻找克服困难的方法。就像无臂钢琴师，虽然他无法改变失去双臂的事实，但是能积极地寻找人生中新的方向。同样，我们在遭受巨大打击时，也要寻找新的方向，引导事物朝好的方面发展。

第二，平时注重提升自己的承受能力。

当你拥有一颗强大的心灵时，你将无所畏惧。在生活中，你会发现，同样的事情发生在不同的人身上，有的人波澜不惊，有的人抓狂崩溃，其实这与个人心理承受能力的强弱有关。所以，小伙伴们，你们要学会坚强地面对生活，并且不断地提升自我承受能力，只有这样，你才能让自己变得更加强大。

为什么没有伞的孩子必须努力奔跑

下雨天忘记带伞的情况，我相信，很多小伙伴都遇到过。不过，你们是怎样应对的呢？

我记得有一次，天空忽然下起了大雨，那时我正在逛商场。因为我不赶时间，所以打算等雨势小一点儿再走。当时，与我一同避雨的还有两个十多岁的孩子。不过，天公不作美，等了很久，雨势都没变小。

这时，那两个孩子等不及了，准备淋雨回家。当两个孩子走入雨中后，一个孩子双手挡在头顶，跑得很快，另一个孩子却是慢悠悠地在雨中走着。

走得快的孩子见身旁没有小伙伴的身影，便停了下来。他对走得慢的孩子说："你干吗不跑快点儿？"

走得慢的孩子不以为然地说："不管走得快，还是走得慢，都会淋到雨。既然如此，我为什么还要跑那么快呢？"

走得快的孩子不赞同他的观点，反驳道："我们走快点儿，可以早点儿到家，也能少淋点儿雨。"

图 3-5　没伞的孩子要努力奔跑

当两个孩子的身影消失在雨幕中后，我开始思考这个问题："遇到刮风下雨的天气时，如果没有带伞，究竟快点儿跑，还是慢点儿走？"可以说，快点儿走是百利而无一害的。如果我们距离目的地很近的话，快点儿走不仅不会淋得太湿，而且衣服也能很快变干。如果我们距离目的地很远的话，快点儿走可以早点抵达，不仅能减少风吹雨淋的时间，而且能尽早地换上干燥的衣服。所以，当我想通这个问题后，我也奔跑着冲入大雨中。

小伙伴们，其实这也是我们面临打击时应该具有的一种态度，因为当你不敢去面对现实时，打击对你所造成的伤害将会像雪球一般越滚越大。相反，当你越早一些积极地面对现实，打击对你所造成的伤害就能越早被治愈。这就好比大雨中没伞的孩子，你努力奔跑就会减少雨淋的时间，尽快回家，换上干燥的衣服。

不可否认，当打击降临时，你很不幸。但是转念一想，这个世界上比你不幸的人有很多。你可能没有考取一个好成绩，但是别人失去了上学的机会；你可能生活在一个充满争吵的环境中，但是别人生活在冷冰冰、只有他一个人的地方；你可能因为意外而失去了某些东西，但是别人要面对失去生命的威胁。所以，当我们遭遇不幸时，不要想着如何逃避，而是要学会勇敢地去面对。因为没有伞的孩子，必须更加努力地奔跑，只有这样，才能少受一些风雨。

有个女孩出生在一个贫困家庭，她是这个家庭中第二十个孩子。女孩是早产儿，一生下来就患有很多疾病。在4岁那年，女孩又患了小儿麻痹症，有一条腿失去了知觉。因为不能走路，她只能依靠双手爬行。

后来，家人筹钱为女孩定制了一双能够固定腿的铁鞋。铁鞋很重，走几步路就会磨破女孩的腿，但是她太想出去看一看，所以总是咬着牙练习走路。哪怕受到其他孩子的嘲笑和戏弄，她也没有放弃练习。

经过几年的锻炼，女孩可以走得很好了，即使不穿铁鞋，也能如履平地。在十多岁那年，她忽然对篮球产生了浓厚的兴趣，并立志要当一名运动员。尽管家人表示强烈的反对，但是女孩毅然决然地坚持走自己的路。后来，她先是进入了女子篮球队，然后又进入了田径队，并一次又一次地刷新了奥运会纪录。

女孩退役后，并没有选择安逸的生活，而是将时间花在了读书学

第三章 不经历风雨怎能见彩虹

习上,并成了一名老师,为许多穷苦孩子照亮了人生方向。她传授孩子们知识,教导孩子们做人的道理,深受人们的爱戴。

女孩的人生是崎岖的,她面临很多打击,比如她出生在一个极度贫穷的家庭,她一出生就患有多种疾病,她的一条腿失去了知觉。虽然女孩的人生是灰暗的,但是女孩没有妥协。她在灰暗中努力寻找光亮,并走出了一条属于她自己的璀璨人生路。

小伙伴们,这个世界上没有谁的人生是一帆风顺的。哪怕是富人,也有破产、精神空虚的烦恼。当打击、挫折、困难等频频降临时,不要怨天尤人,不要抱怨生活,而是应该积极乐观地去接受和面对。就好比一场长跑比赛,在别人慢悠悠地行走在平坦的大路上时,你努力地奔跑,跨越障碍,到最后你会发现,所有人都被你远远地抛在身后。

小伙伴们,如果你没有伞,那就努力奔跑吧!未来的你一定会感谢曾经勇敢地向前奔跑的自己。那么,没有伞的你应该怎样奔跑更容易胜出呢?在这里我有几点建议给大家。

第一,既然选择了面对困难,就不要半途而废,应该咬牙坚持下去。就好比突然来了一场暴雨,既然选择了在雨中疾行,就要在最短的时间内抵达终点。倘若前半程走得快,后半程走走停停,那么还不如一开始就在雨中慢行。只要坚持奔跑,就能迎来阳光明媚的未来。

第二,在挫折来临时,不要怨天尤人,应该第一时间去面对。这就好比在暴雨中,别人有伞,你没有伞,但是,大风也可能刮走别人的伞,冰雹也可能毁掉别人的伞,最终大家都没有了伞。所以,与其将时间用来抱怨,不如在雨中奔跑,这样你才能尽快到达终点。

第四章

化压力为奋起

压力给弱者带来痛苦，也是强者向上的助力

　　压力，你有我有他也有，每个人都有。它不存在于客观世界，而是存在于你我的内心世界。区别是不同的人面对压力的心态和反应有所不同，当然结果也就会有所不同。小伙伴们，遇到压力来袭时，必须学会正确应对压力，化压力为努力提升的动力。

第四章 化压力为奋起

甩掉压力最直接的方法是提升自己

  小孩子本该快乐自由，无忧无虑。可我知道，小伙伴们都有压力，这压力来自学业，来自家长，有时也来自自己。作业多了，功课难了，你感觉应付不来；隔壁小明比你优秀，做什么都出色，父母总是拿他和你比较，你有些自卑和怀疑；你已经很努力了，可是成绩上升得很慢，你心里焦躁不已……

  心理压力越来越大，你越来越萎靡，甚至痛苦得濒临崩溃。这一点，我很理解，因为大人的压力不比你少，工作、健康、人际、生活、孩子……每个问题都像一个大石头向自己压过来。

  不过，正因为理解，正因为"同命相连"，所以我希望小伙伴们知道：压力，谁都有，大小不同，来源不同，可态度大同小异。一种是消极、抱怨和逃避；另一种是积极、直面和转化。对于一个人来说，人生最大的压力来源于惧怕。当你面对压力时，如果你变得消极，甚至心理崩溃,那么麻烦只会越来越大,问题也越来越棘手。当你能够积极、坚强地面对压力,并且不断地提升自己的能力时,便可以尽早地甩掉压力,倍感轻松和自在。

面对压力,最直接的方式就是提升自己。一个小树苗,被大风吹得摇摇晃晃。想要避免这种情况,一个办法是增加保护罩,躲避大风的袭击,还有一个办法就是把根扎得更深,把树干变得更粗壮。

同样,小伙伴们在学习上有压力,没有同桌成绩好,总是被爸妈批评和唠叨……想要改变现状,最直接也是最有效的办法就是化压力为动力,加倍地努力学习,提升能力,进而取得好成绩。

图 4-1 化压力为奋起

第四章 化压力为奋起

小沫是我朋友的孩子，读六年级。虽然她是一个聪明的女孩，但是也面临小升初的压力。在班级里，小沫的成绩能进前五名，还算不错，但是，考入重点中学有很大难度。小沫经常面对的是爸妈的耳提面命："你得好好学习，进入全校前几名，这才有机会进入重点中学。""我对你寄予厚望，你可不能让我失望。"

看着身边比自己优秀的同学，她感到了巨大的压力，而且越来越自卑，无所适从，甚至产生了厌学情绪。小沫的情绪很低，变得越来越焦虑，甚至想要逃避。那段时间，她不想学习，也不想回家。班主任察觉到了她的情绪变化，与她进行了一番谈心。班主任在知晓事情原委后，温柔地对小沫说："孩子，我知道你的学习压力大。可是每个同学都面临着和你一样的学习压力，不是吗？这只是你人生路上遇到的一个小问题，消极和逃避只能延长和恶化问题。现在所有同学都在通过提升自己，来化解和减轻这种学习压力，你为什么不尝试一下呢？"

班主任的话给了小沫很大的启示，也让她变得更加勇敢和坚强。接下来，她不再想东想西，而是分析自己每一学科的优劣势，弥补不足，提升优势，然后带着好心情去学习。慢慢地，她的成绩也一路上升，名次也进入学校前三名。之后她始终积极努力地提升自己，终于考入了理想的重点中学。

小沫还参加过一次英语口语大赛，虽然她是学校选拔的参赛者，可对手的英语水平非常好，超过她很多。初赛后，见识到了对手的水平，小沫顿时感觉"亚历山大"，底气有些不足。小沫备战时明显地感觉到了紧张，发挥不出正常水平。这个时候，班主任又给了她极大的鼓励。在接下来的一个月里，小沫每天都比别人多花一倍的时间来练习英语，不断提升自己的英语水平。最后，她带着十分的自信参加复

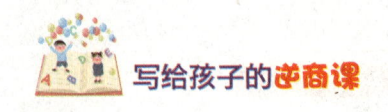

赛，并取得了不错的成绩。

没有谁不喜欢无忧无虑，可生活不是童话。压力，谁都不想要，然而它却偏偏向你袭来。所以，小伙伴们不能因为遇到压力就抱怨、退缩，而是应该激励自己，提升自己的能力。这会让你变得更加优秀和强大，也更加有张力。

如何应对压力，你需要一些小技巧。

第一，改变对自己的认知很重要。

面对压力，如果你觉得自己无能为力，那么就会不自觉地消极、退缩；如果你觉得自己可以战胜它，那么就能轻松地甩掉它，跨越障碍，解决难题。所以，改变对自己的认知，对于小伙伴们来说真的很重要。

第二，改变对压力的认知也很重要。

压力的影响，可以是负面的。如果处理不好，可能促使消极情绪的产生，让一个人越来越没自信。压力的影响，也可以是正面的。如果能把压力转化为前进的动力，则可能激起一个人的斗志。所以，小伙伴们要理智地面对压力，不仅要巧妙地缓解、甩掉它，更要学会巧妙地转化它。

第三，提升自己，先提升自己的承受力和忍耐力。

在内心脆弱的孩子眼里，小小的压力都如大山一般，足以压倒自己。而在内心强大的孩子眼里，不管多大的压力都无关紧要，不会让自己退缩。换一句话，小伙伴们若是内心不够强大，那么早早地就被压力压倒了，根本没机会提升自己、转化压力。

所以，你想要提升自己，就需要首先强大自己的内心，提升自己的承受力和忍耐力。

第四章 化压力为奋起

隔壁小明比你优秀，不嫉妒，去超越

如何面对比自己优秀的人？你的内心又会有哪些活动？

站在他面前，心里很是不平衡，羡慕嫉妒恨不时涌上心头。或许这就是很多小伙伴的情绪，这也正常，毕竟谁都有嫉妒心。

嫉妒，这种情绪真的很容易产生。就好像我们排队，看到另一队的前进速度比自己快，心理就会不平衡，认为自己运气不好，或者干脆想："哎呀，要是我排那一队就好了。"就好像我们做事，看到别人受到表扬，则会酸溜溜地认为，自己做得也不差，为什么受表扬的不是自己，或者认为受表扬的那个人也没什么大不了，自己本应该比他更好。这就是嫉妒。

嫉妒这种情绪，如果能够正确地运用，可以激发我们的进取心，促使我们不断地进步。你想啊，看到别人比自己优秀，心生嫉妒，心有不甘，进而不断地努力和超越，自然就会让自己变得越来越好。但是，如果不能正确地对待嫉妒这种情绪，那么这种心理不平衡就很可能让我们失控。

"哼！隔壁小明有什么了不起，不就是学习好一些嘛！"

说这话的，是上小学五年级的我。其实不管过去，还是现在，我都知道隔壁小明非常优秀。他成绩优异，每次都是班级前几名，而且钢琴、绘画、演讲各个擅长，是妥妥的"别人家孩子"。而我呢？成绩比不过，才艺也比不过，处处被小明"压一头"。

同为同龄小孩，差别却是非常大。我心里难以平静，尤其父母总是夸奖他，老师总是表扬他，小伙伴们都喜欢和他玩……在这种情况下，我的心理就更加不平衡了。我嘴里说他没什么了不起的，可是心里却嫉妒得不得了，处处想要针对他。小明竞选班长，我也参加；小明学习绘画，我也想学习；父母若是夸奖他，我就在一旁说他的不是；老师交代他组织同学们做什么事情，我就故意捣乱，不配合；我还联合一些小伙伴，在学习和生活上给他找麻烦……

说实在的，做这些事情时，我是很开心的。可是慢慢地，这种开心的感觉就没有了，因为我发现小明似乎并没有因此受到任何影响，依旧受老师表扬，受同学们喜欢，而我的境况却越来越糟糕——学习成绩直线下降，在班级里的人缘也越来越差，就连最要好的朋友也开始对我心存不满了。

人都喜欢比较。可以说，每个人都有和别人比较的经历。当自己比不过别人时，我们内心就会有一种失落感，产生嫉妒心理。而这一情绪也导致我们做出一些不理智、不正确的举动。小时候的我就是一个典型的例子。

其实，隔壁小明真的很好，成绩优秀，多才多艺，和善友好。而我却因为嫉妒而莫名地烦躁，自导自演了一出恩怨情仇的大戏。对于小明来说，或许就像什么都没发生。而对于我来说，却是搬起石头砸

第四章 化压力为奋起

了自己的脚。

所以，亲爱的小伙伴，不管什么时候，我们都没必要去嫉妒别人。如果别人比你优秀，你可以与其比较，但是，不要嫉妒他人，而是认真地分析造成差距的原因。你要不断地努力，争取与对方同样优秀，甚至超越对方。这才是你最正确的选择。

遇到这种情况时，你需要注意以下几点。

第一，面对比自己优秀的人，你要学会欣赏和学习。

图 4-2 化嫉妒为前进的动能

每个人都希望成为被人们称赞的优秀者。既然别人能成为佼佼者，那么他自然有值得我们学习的特质。所以，遇到他，你不要嫉妒，更不要气馁，而是应该端正心态，以一种积极的心态去欣赏和学习他的优点。当我们怀着积极的态度，向着优秀的人靠拢时，或许没法超越对方，但也会不断地进步。只要进步一点点，也值得赞赏。

第二，排除不良情绪，抛弃输不起的心态。

不得不承认，很多小伙伴之所以容易产生嫉妒情绪，是因为有输不起的心态。输不起，就会把输赢看得非常重。如果比别人优秀，就会洋洋得意，虚荣心膨胀。可是如果比不过别人，就会心生嫉妒，把人家当敌人，还可能滋生偏激、仇视、阴鸷等不良心理。

所以，你要做的是看淡输赢，千万不能滋生嫉妒心理。

第三，保持平静的心态，放下思想的包袱。

说实话，嫉妒只会让我们失去自信和乐观，随之而来的就是更大的自卑和不适。小伙伴们必须学会保持平常心，不必太在意自己与别人的差距。只要你保持自信，比之前更努力，就能获得进步，变得更优秀。

不跟同学比家底，比学习

几个初中模样的孩子一边走一边谈论着什么。他们兴高采烈，得意扬扬。

原来一个孩子的父母刚给他买了新手机，价格不菲。小伙伴们羡慕不已，纷纷惊呼："呀！你太幸福了！我也想要这款手机！""不行！回家之后，我就让我爸妈给我买！""对啊，我们一起买，一起玩，多拉风！"

其中一个叫李峰的孩子却不说话，不表态。不是他不羡慕，只是因为家里条件不允许。父母的工作"不怎样"，很少给他买贵的东西，

第四章 化压力为奋起

更别说如此昂贵的手机。很多时候,他内心总是充满了自卑情绪。

"喂,李峰,你怎么不说话?难道你不想加入我们?"小伙伴挑着眉毛问道。

李峰支支吾吾地回答:"当……当然不是!"

回到家后,李峰向父母提出了买新手机的要求,果然被拒绝,还被批评"瞎花钱""爱攀比"。这下李峰彻底怒了,对着父母大喊道:"班里同学的衣服鞋子、学习用品都是名牌,你们却从来不满足我的要求,难道你们不知道这多让我丢人吗?现在大家都买名牌手机,就我搞特殊,那我怎么和小伙伴们一起混?不行!你们必须给我买那款手机!"

这下李峰铁了心,和父母冷战起来。他甚至宣称,如果父母不答应自己的要求,便不再去上学。无奈,父母只能妥协,尽管那手机花掉了他们足足两个月的工资。

我能理解李峰的情绪,毕竟这么大的孩子都有虚荣心,怕小伙伴知道自己家条件不好,怕人嫌弃自己寒酸,于是平时便爱和小伙伴攀比,希望在物质上超过别人。可是,小伙伴们,我还是希望你们能明白,虚荣心是要不得的。虚荣心会使你变得爱攀比,从而给自己的内心增加巨大的压力。此时,如果你受到别人或事物的刺激,就会变得无法接受,从而做出一些出格的举动。

没有人不爱面子,尤其是家庭经济条件不如其他人的孩子,自尊心更强,内心更敏感,生怕被别人看不起,生怕无法融入小伙伴的圈子。然而,你越会对物质、金钱敏感,偷偷地考量小伙伴们是不是嫌弃自己，越是打肿脸充胖子、硬着头皮和有钱的同学攀比，就越会让人远离你。

图4-3　不与同学比家底

人，生而有别。境遇不同，条件不同，但是人的本质上没有不同。你没有必要想得太多，不必为家境而敏感和自卑，更没必要和有钱人攀比，一心只想着怎么在物质上超过别人。越虚荣，人就越敏感；越敏感，人也就越自卑。

且不说，看不到父母的辛苦，一味地索取，只能加重家庭负担。作为一位学生，重心和精力应该都放在学习上，而不是穿衣打扮、手机游戏上。如果你的心思放错了地方，只想着谁又买了新手机，谁全身都是名牌，"我不能被比下去"，哪还能学习好呢？

第四章 化压力为奋起

与其和人家比物质享受，不如比学习，比能力。同桌考入前五名，你不甘落后，加紧学习的步伐，争取下一次考入前三名；小伙伴站在讲台上演讲，赢得同学们的欣赏和掌声，你积极表现，争取做下一个演讲者。若是那样，就算物质上不富足，但内心是十分满足的，同时也很难不受人喜欢。

所以，小伙伴们，千万不要和有钱的同学比物质，也别让自己的虚荣心作祟。

为此，我给小伙伴提出以下几点建议。

第一，树立正确的金钱意识。

盲目攀比是一种恶习，会使你的虚荣心越来越强烈，使你越来越偏离原本的轨道，之后的人生很难形成正确的价值观和人生观，无法成为更好的自己。

小伙伴们，你们应该树立正确的金钱观，就算家里经济条件不好，也不应该戚戚于物质的贫穷，而是建立一个强大的内心，不因为家里穷而抬不起头，更不因攀比而对父母一味地索取。

第二，学会正向比较。

正向的比较，其实是很有必要的，且有助于促进小伙伴们的进步。因为没有比较，就没有竞争；没有竞争，就没有进步。小伙伴们可以和同学比学习，比成绩，或者与同学优秀的方面进行比较，寻找差距，迎头赶上。

如果同班同学里有一个小伙伴绘画很出色，你平时多与其比较，发现自己的不足，然后不断地提升绘画能力。又比如，另一个小伙伴很擅长朗诵,你也滋生攀比之心,然后开始学习朗诵……时间久了,你自然就会变得越来越出色,越来越优秀。

可以说,人都容易有虚荣心,爱与别人攀比。但要记住:你比的不应该是家庭条件,也不应该是物质享受,而应该是学习。你越努力,就越能有所突破,进而获得认可和欢迎。

你可以不考入前几名,但一定要往前冲

大多数人所希望的自己,是别人眼里的自己。于是,你想要优秀,出类拔萃,梦寐求之。无奈,有时候你努力了,花了很多时间,依旧不是最优秀的那一个,依旧考不入前几名。于是,你觉得自己不是学习的料,产生了放弃的念头。

如果你真的放弃了,那么就真的和优秀无缘了。

我认识一个成绩不算出色的孩子,成绩一直是班级第十名左右。这样的成绩对于追求上进的他来说,是不能接受的。为了提高成绩,

第四章 化压力为奋起

他花了很多时间，付出了不少努力，可名次依旧没有太大的提高。这对于他的打击可想而知，让他无比的焦躁、懊恼。他对自己说："我已经很努力学习了，但仍然没有进步。可能我真的没有天赋吧，怎么努力也追不上其他人。"

这样想的次数多了，他就渐渐地接受了自己的不优秀，放弃了努力，放弃了希望。结果可想而知，他的成绩快速下降，名次也滑到了班级前20名之外。

当你付出努力后，成绩总是没有提高，你的内心肯定会特别紧张，压力山大，肯定会对自己产生怀疑，进而产生放弃的念头。有类似的消极情绪，这很正常。然而，从不优秀到优秀，这一步很难。可是，从优秀到不优秀，却非常容易。只要小伙伴们放弃努力，稍稍有一丁点儿松懈的念头，那么结果就会如同上面案例中的这个孩子一样，轻松地被别人抛在后面。

亲爱的小伙伴，或许你已经很努力，依然没法取得别人那样的成绩，无法成为第一名。但是要知道，努力可以让自己变好。只要你每时每刻都在努力往前冲，就一定可以取得进步，成为更好的自己。

学习也好，人生也好，我们不能只和别人比较，更要与自己比较。就算你没法考入前几名，但一直保持自信，坚持努力学习，一直都往前冲，那些花在学习上的时间和精力就不会白费。就算你没法成为那么优秀的人，但是只要你不放弃努力，对自己充满信心，就会有所进步和收获。

你是自己人生的设计师，可以让自己爱学习，让自己多思考，让自己做事认真有耐心，让自己找到适合自己的学习方式，让自己养成好的学习习惯，让自己直面挑战……这些都是你学习成长过程中最重要的元素。

对于爱因斯坦，没有哪个小伙伴不知道吧？都知道他是伟大的物理学家。可事实上，他小时候并不是个聪明的孩子，甚至比别人笨一些，说话比别人晚，学习比别人差。小学时，他的其他学科成绩都非常糟糕，只有数学还算拿得出手。在很多人看来，爱因斯坦是愚笨的、平庸的，可是他并不这样想。他凭着对数学的喜爱，一直都在激励自己努力学习，从不曾放弃。到了中学，爱因斯坦的其他学科成绩已经大有进步，数学成绩更是异常优秀，每次考试都能拿满分。

这里面有父母的引导，但更重要的是因为他内心的那股自信、那份激情以及那份执着。正因为如此，他的天赋和才华才被充分地挖掘和展现，从而获得令人意外的成绩。

幸好，爱因斯坦没有放弃自己，没有因为自己是笨孩子而消极、颓废甚至放弃。否则结果只可能是自生自灭。至于你，自然也应该向他学习。因为没有考入前几名，并不能抹杀你身上的优点；无法和别人一样优秀，并不代表你可以放弃努力。

对于任何人而言，出类拔萃并不简单。这个"类"可能是一个班级、一个学校，也可能是一个区、市，甚至是更大的群体。只要有群体的存在，自然就有优劣高下，自然就有卓越者和普通者的区分。不能进入前几名，没有引人注目的成绩，难道就要放弃努力吗？当然不行。

第四章　化压力为奋起

如同跑步一样，奔跑者的目标都是第一名。可是获得第一名拼的是速度、耐力、身体素质，还有其他条件。不能因为第一名产生了，你就不往前冲了，也不能因为落后了，你就干脆坐下不跑了。

图 4-4　越优秀别人越尊重

跑步也好，学习也好，只有不断往前冲，才获得一个较好的结局。小伙伴们，这个道理你必须要明白，并牢记在心。这对于你之后人生的奋斗、成功真的非常重要。所以，你需要记住以下几点。

第一，不努力就没有进步。

关于努力，关于自信，这些都是你真正需要的。天生优秀者，真的没有几个。那些成绩优异者，肯定付出了千倍、万倍的努力。所以，你需要坚持不懈,力争上游,而不是一看落在别人后面就放弃或是后退。

第二,接受自己,更要鼓励和相信自己。

积极的情绪,可以产生积极的结果;同样,消极的情绪,往往会产生消极的结果。你可以不优秀,可以不考入前几名,但一定不能消极,更不能对自己说:"我不行!""反正考不好,还是放弃吧!"一旦你失去了信心和动力,你就会甘心落后,然后变得越来越平庸。伟人毛泽东畅游长江时,曾吟出了"不管风吹浪打,胜似闲庭信步"的诗句。我们也要像诗中写的那样,不管遇到什么困难和坎坷,都要相信自己一定能行。

第三,找到自己不如别人的原因,让自己的努力找对方向。

当然,努力不是盲目的,空有信心和激情,找不到好的方式,做不到有的放矢,那么你的时间和精力就会白白地浪费。在学习的过程中,如果你没有得到有效提升,那就应该从自身找原因,然后发挥优势,补齐短板,再接再厉。

第四章 化压力为奋起

与别人比优势，不与别人比不足

以下是两个女孩的谈话。

甲：我真羡慕你，唱歌那么好听，每次都能站在舞台上大声演唱；而我五音不全，唱歌时连爸妈都嫌弃。

乙：这没什么，我之前也是随便唱，后来妈妈给我报了培训班，这才有了进步。

甲：哎，我唱歌要是有你唱得那么好听就好了！你说我为什么就五音不全呢？

乙：你为什么要纠结于唱歌呢？这只是我的一个小优势呀，没什么大不了的。再说了，你绘画也不错呀！上次美术课的时候，老师还夸奖你的画很形象，多花一些时间练习肯定能画得更出色。

甲：你是说要我像你一样学习，多练习……算了吧！我估计不是那块料。

乙：……

听了这些对话，你是不是想说些什么？或许你想说的也就是我想说的。甲女孩不断地强调自己的五音不全，不擅长唱歌，和乙女孩做对比，真的可悲！嗯，没错，这是她的不足，可她也有自己的优势。恰如乙女孩所说的，为什么要纠结于自己的不足，一味地否定自己呢？这对于甲女孩的成长真的没有什么好处。如果她不能改正这一点，恐怕难以取得进步。

很多自卑和羞怯的人，他们的注意力往往放在别人的优势、自己的不足之上，觉得自己很差劲，自己不如别人。于是，他们越来越自卑，就算自己身上有别人没有的优势也看不见，反而时常把自己的不足和别人的优势做对比，然后变得更加自卑，更加没信心。

可实际上，人有缺点也有优点。尺之木必有节目，寸之玉必有瑕疵。说的就是这个道理，任何事物都不可能十全十美。你有你的缺点，我有我的不足。当然，你也不例外。但是你除了缺点，就没有什么其他优势吗？肯定不是！

你性格内向，不善于社交，可是心思细腻，观察力强，还善解人意。既然如此，完全没必要和其他小伙伴比开朗、大方，而是应该从细腻、温柔、善解人意着手。其他小伙伴的开朗受到别人欢迎，你的温柔善良同样也会让人喜欢。

你不太聪明，成绩不算好，可运动细胞发达，跑步、篮球、跳舞样样都擅长。既然如此，就不要总是拿自己的不足与别人的优势相比，那样只会让你自卑。而是应该把注意力更多地放在你所擅长的运动上，

第四章 化压力为奋起

这样你就可以成为这一领域的优秀者。

拿自己的不足与别人的优势做对比,是一件很愚蠢的事情。这就是舍长取短。就好像雄鹰善于翱翔天空,却非要和羚羊比奔跑一样,只能自取其辱。

图 4-5 别拿鸡蛋碰石头

一个人做任何事都存在着一定的目的性,你和其他人做比较,也存在某种目的性。你要知道,用自己的不足和别人的优势做比较,无异于以卵击石、自我伤害。

所以,小伙伴们需要正视自己,不管自己身上有什么缺点和不足,都不要纠结于此,更不能拿自己的短板与别人的优势去对比。你需要从以下几点入手。

第一,发现自己的闪光点,提升自我价值感。

事物都有两面性,有利也有弊。人也有两面性,有不足也有优势。所以小伙伴们要善于发现和认识自己身上的优势、闪光点,提升自我价值感。当自我价值感提升了，人就会变得自信，不会愚蠢而盲目地用自己的不足与他人的优势做比较了。

第二，不要一味地否定自己，学会欣赏和鼓励自己。

当你发现自己的缺点和不足时，你心里就会有压力，会自卑、伤心，会不自觉地和别人做对比。这是正常现象，但是你必须正视自己，学着欣赏和鼓励自己。你身材比较胖，没有别人苗条，可以对自己说："我比较胖，可长得高，综合起来也不算差！"你不善表达，口才没别人好，可以对自己说："我没有好口才，可行动力强，能力不错，做起事情来有一套！"

第三，弥补不足，强化优势。

不与别人比较，不是说让你忽视自己的缺点和不足，放任自己。一些缺点和不足，确实阻碍了你的学习、生活更好发展，比如性格、心态上的一些特质，胆小、浮躁等缺点。这个时候，小伙伴们就需要不断地提升自己，想办法弥补性格、心态方面的不足，强化优势，促使自己不断地进步。

· 第四章　化压力为奋起 ·

将压力转化为向上的动力

"这个老师太变态了，制定目标的时候简直是在虐待我们！"

那天我听到小区里几个孩子的抱怨，不禁哑然失笑，因为我们成年人也常常在办公室里发出这样的牢骚，那语气简直一模一样。

但牢骚归牢骚，小伙伴们，我还是希望你们能明白，有时候承受这样的压力是非常必要的，对于你们的成长和发展来说，其实是一件好事。

压力如果用正确的方式去处理，就可以转化为进步的动力。它可以让你激发出自己不曾爆发过的潜力。所以，小伙伴们，不要再抱怨。压力可以让你更清楚地看到自己。学会承受压力，是你人生的必修课。

关于压力，在第二次世界大战期间发生过一个非常有趣的故事。

当时，美国空军和降落伞制造商之间达成了供货协议，但是降落伞的合格率必须达到100%！

虽然厂商已经很努力地将合格率提升到了 99.9%，但还差一点点。

空军再次强调，降落伞合格率必须达到 100%，但是，厂商不以为然。他们认为，没有必要再改进，能够达到这个程度已经接近完美了。他们一再强调，任何产品都不可能达到合格率 100%，除非出现奇迹。

小伙伴们不妨算个账：99.9% 的合格率，就意味着每 1000 个伞兵中，便会有一个人因为跳伞而送命！空军当然不肯拿士兵的性命开玩笑！

后来，空军改变了质检方法。他们决定每次收货时，随机挑选一个降落伞，让厂商负责人亲自试跳。这个方法实施以后，合格率立刻达到了 100%！

这说明在有压力的情况下，很多的不可能都可以变成可能！

还有这样一件事。

一位音乐教授在几周里一直在加大学生们学习的乐谱难度。虽然学生们很难完成教授布置的作业，但教授的要求没有人敢违背，学生们只好硬着头皮坚持练习。在几周里，学生们苦不堪言，他们觉得教授是在以虐他们为趣，"赶鸭子上架"般的教学，怎么能让人好好学习？

终于有一天，当教授让学生们练习更难的乐谱时，学生们再也无法忍受了，纷纷质问教授，到底是何居心。此时，教授拿出最早的那份乐谱，并随即抽选一位学生弹奏。奇怪的事情发生了！那名原本技巧一般的学生，居然把这首曲子弹得非常美妙动人！

学生们都不敢相信眼前发生的事是真的。教授又拿出第二周的乐

第四章 化压力为奋起

谱让学生弹,那个学生仍然弹得不错。学生们都十分疑惑地望着教授,一脸茫然。教授这才揭开谜底:"我不断地提高乐谱的难度,是为了让你们在压力之下能够把自己的潜能激发出来。因为只有外部给你们压力时,你们才会更加努力地提高自己。"

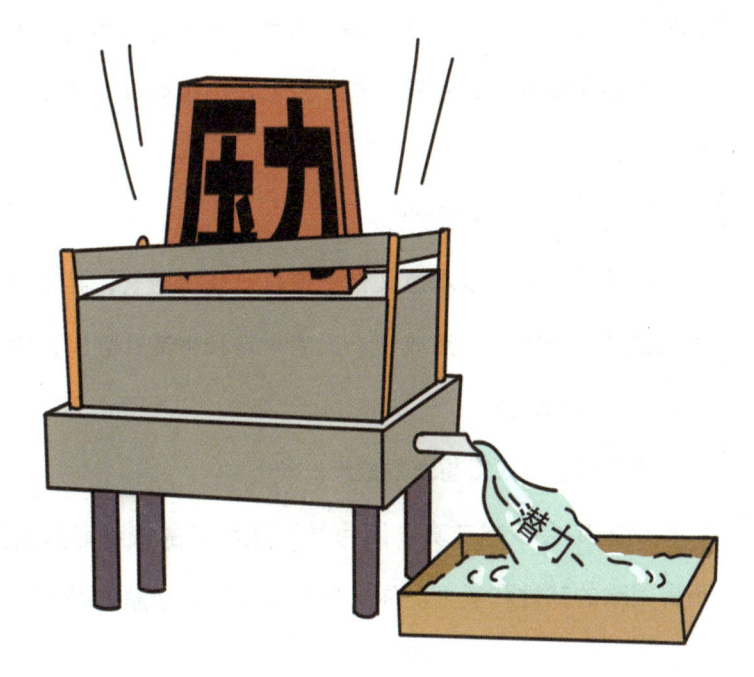

图 4-6 能承受多大压力就有多大潜力

小时候,老师常对我们说:"井无压力不出油,人无压力轻飘飘。"说的也是这个道理。

其实,压力每个人都会遇到,不管大人还是小孩。你可以逃避,但是你所走的每一步都会决定你的将来。

那些在压力面前依然表现得十分坦然,并且善于把压力化为动力的孩子,通常都能取得较为突出的成就;相反,那些逃避困难,推诿扯皮，被压力吓倒的孩子，成年以后生活一般都很不如意。

所以，小伙伴们，我们要学会正确面对自己的压力。我给大家提出以下几点建议。

第一，做一些自我激励。

当你完成一天的学习和生活目标，入睡时不要去想明天会发生什么。你要让自己尽量放松，积极思考，祝贺自己很好地完成了今天的既定目标。

第二，不要指望别人来祝贺你。

你所做的事情，它的根本意义在于使自己获得成长，并不是为了获得别人的赞誉。所以当你完成了一天的学习和生活计划时，你最需要做的是为自己感到快乐。

第三，坚信自己会获得想要的成绩。

坚信自己一定会梦想成真，因为并不是所有的人都能具有坚持努力、不畏困难的韧性和毅力。你越是相信自己，就越能轻松地应对压力。

第五章

敢不敢胆大一点

勇敢一点儿，你可以的

　　谁都有一些害怕的东西，面对它们会产生恐惧的情绪，甚至做出怯懦、退缩、逃避的举动。可是，越放任这种情绪，结果就越往不好的方向发展。相反，若是你勇敢一点儿，就能战胜恐惧，获得意想不到的收获。

· 第五章 敢不敢胆大一点 ·

天黑请闭眼，睡觉拒绝大人的陪伴

很多小伙伴都怕黑，黑夜里不敢一个人走路，不敢一个人待在家里，更不敢一个人睡觉。

我曾经做过一个小调查，对象是我的孩子麦麦的一些小伙伴，调查他们几岁之后才敢自己睡觉。答案很令我惊讶，因为大部分孩子都是八九岁才与大人分开，开始一个人睡觉的。这个小调查当然不具有权威性，只是询问了很少的一部分孩子。

不过，我还是需要强调一下，怕黑，不敢一个人睡觉，可以说是阻碍小伙伴们迈向独立的第一个"绊脚石"。不相信？那我就说一说麦麦的同学琪琪吧！

我做这个小调查，就是因为知道了琪琪的事情。当时她已经上五年级，十一岁了还和妈妈睡在一起。那天，琪琪的妈妈和我聊天，说："我家琪琪很胆小，独立性弱，你说这该怎么办呢？"

是的！琪琪胆小怕黑，晚上妈妈让她去厨房拿水果，虽然厨房的灯没有开，但是客厅的灯光可以照到厨房。可她就是不敢去，说自己怕黑。她一直跟着妈妈睡觉。妈妈几次想让她自己睡，都被她拒绝了。她平时睡觉总是紧紧地抱着妈妈才能入睡。

琪琪在家里是如此，在学校里就更是有过之无不及了。琪琪是班里最不起眼的一个，她做什么事情都是怯生生的。琪琪因为胆小，不敢在课堂上发言，更无法在同学们面前侃侃而言；因为胆小，害怕做一些跑跑跳跳的体育活动，也不敢与同学们一起外出游玩，参加夏令营。

琪琪和麦麦关系不错，她不管做什么事情都拉着麦麦，上厕所，课间活动，就连老师叫她去办公室都要麦麦陪着。

看吧！琪琪不仅仅是怕黑，不敢一个人睡，而是害怕一个人面对各种事情。每个人都有害怕的东西，在你2~6岁期间，怕黑，离不开爸妈的陪伴，这与胆子大小没有关系。因为这只是成长过程中必然产生的一种情绪，也是依赖心理的正常体现。可是真的如琪琪一般，到了十几岁还这样，这其实就是胆小的一种表现，是一种恐惧心理。这对于小伙伴来说，危害性并不小。这就需要小伙伴们做好心理建设，不让自己的心理变得越来越脆弱，不要让自己越来越失去独立和勇敢。

击败恐惧，最好的方法是什么？没错，就是直面恐惧。所以，小伙伴们需要弄清楚自己害怕黑暗，不敢自己一个人睡觉的原因是什么。当你直面问题的时候，就已经迈出了第一步，就已经走在解决问题、提升自我的道路上了。

第五章 敢不敢胆大一点

同时，你还需要正确地解决问题，化解自己内心的恐惧。

说一些我的经验吧！一开始，麦麦也不敢一个人睡觉，6岁了还说害怕，非要我来陪。可我知道这是不行的，于是鼓励她自己睡，当然这个过程是循序渐进的。一开始是分床，后来给她一个单独的房间。当时，我不是直接让她自己去睡觉，而是在睡前陪她一会儿，讲一些故事，聊一些日常。过了一段时间后，她已经变得足够勇敢了，也就不再要求我陪伴了，也戒掉了睡前故事。这个方式，你也可以试一试！

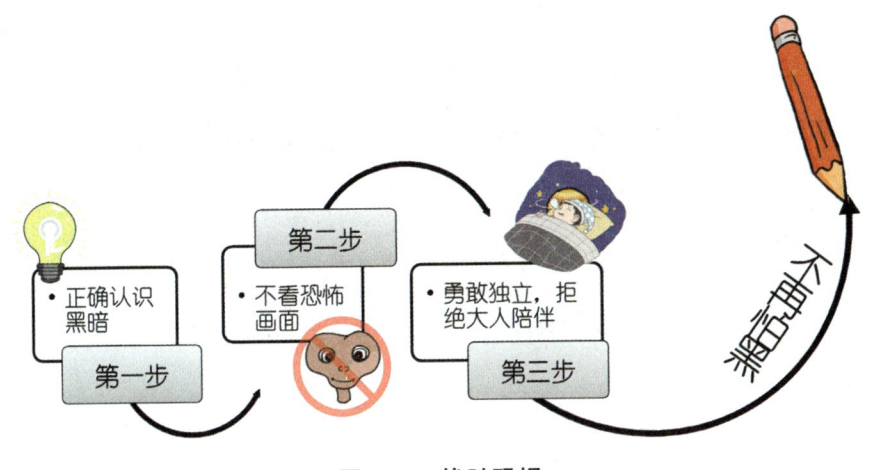

图 5-1 战胜恐惧

具体来说，你要做到以下几点。

第一，黑暗不可怕，要正确认识黑暗。

提醒一下小伙伴，黑暗并不可怕，这只是因为我们的眼睛看不清外界，属于一种正常的自然现象。你需要正确认识黑暗，当你对黑暗有了正确认识后，就不再害怕黑暗，自然也就能离开爸妈的陪伴。

第二，不看一些有恐怖画面的电视、漫画。

很多小伙伴害怕黑暗，不敢一个人睡觉，是因为时常看一些有恐怖画面的电视、动画或漫画。这些可能会让小伙伴做噩梦，认为黑暗里有一些可怕的东西，甚至形成黑夜等于妖魔鬼怪的心理定式。

所以，如果你胆小，就需要少看恐怖节目和恐怖漫画，少接触一些不良的影视节目，尤其是在夜晚、临睡觉前。

第三，学会勇敢独立，拒绝大人陪伴。

现在的你已经很容易分清什么是真实的，什么是虚幻的，所以你需要坚持自己睡，拒绝大人的陪伴。在刚开始自己睡的时候，害怕是正常的。不过你可以尝试着让自己平静，比如想象一些愉快的事情，或者让父母买个小夜灯，利用光明来驱走恐惧，或者让父母陪自己一会儿，放松一下心情。

但是不管怎样，你都必须过自己这一关，让自己胆大一些，一点点来，实现从胆小依赖到勇敢独立的突破。

第五章 敢不敢胆大一点

没有妖魔鬼怪，只是被自己困住

"小袋鼠为什么一直待在妈妈的口袋里？"邻居男孩看着电梯里张贴的广告，问他妈妈。

妈妈笑着说："因为它太小，害怕危险，只能被妈妈保护着。"

男孩趴在妈妈肩上，说："我也害怕危险，也要永远被妈妈保护着！"

"那可不行！你要学会长大，等到长大后，需要独立去做事，去锻炼！"妈妈说道。

男孩着急地说："可是我怕坏人，我不敢一个人！"……

听着邻居男孩和妈妈的对话，电梯里的几个人都笑了。是啊！孩子是弱小的，需要父母的保护。可是每一个孩子总有长大的一天，也终究要学会独立和勇敢，不再依赖于父母的保护。一个人若是不能独立自主，去接触更多的人，独自做一些事情，必定不能真正地成长。

可是我发现，很多已经十几岁的小伙伴还有着像这个男孩一样的想法，做什么都离不开父母，什么也不敢去做。我朋友的孩子就是如此。或许因为孩子从小生活在爷爷奶奶身边，10岁时才回到父母身边，平时他缺乏独立性，而且胆子很小。

一开始朋友觉得孩子还小，不熟悉生活环境，慢慢地胆子就会大起来。可是几年过去了，他依旧怯怯懦懦，更没有一点儿小男子汉的气概。朋友为他报了夏令营，他不愿意去，说害怕一个人，怕被别人欺负！朋友鼓励他多接触同龄人，勇敢地走出去，可是他总怀疑外面有坏人，怕遇到什么危险。就算学校离家只有几公里，他也不敢独自上下学。同学们约他到公园踢球，他非要父母陪着，不敢一个人去赴约。

是的，他是感到安全了，可是也失去了独立性，身上找不到自信、勇敢、大方、坚强等这些男孩应该具有的特质。他也因此失去了交朋友、锻炼自己的机会，变得更加孤独和胆小，几乎没有一个朋友。

小袋鼠出生后就待在妈妈的口袋里。可是这段时间并不长。等它长到6个月时，就可以自己吃草，自力更生了。它开始面对外面的危险，开始学会保护自己。小伙伴们，你也应该向小袋鼠学习，逐渐学会独立。诚然，战胜恐惧需要很大的勇气。但是只要你能鼓起勇气，就可以慢慢地做到。

亲爱的小伙伴，不要依赖于父母的保护，也不要纵容自己的胆小。你是十几岁的少年，不是几岁的小孩，虽然不如大人般心理成熟，但是应该试着让自己成长，走出家门，培养自己的各种能力，寻找和不

第五章 敢不敢胆大一点

放过任何自我磨炼的机会。

同时,你需要知道,这个世界上没有什么妖魔鬼怪。与其说一些小伙伴被什么坏人、危险吓倒了,倒不如说他们是被自己困住了。如果你也是这样的,那么外面的精彩世界你就永远也看不到,各种技能你永远也学不到。

图 5-2　不依赖父母

现在不如听我几点建议吧。

第一,让自己逐渐学会独立。

害怕,都是自己吓自己,而勇敢则是锻炼出来的。小伙伴们不要总待在父母身边,而是应该让自己逐渐学会独立,在确保安全情况下,慢慢地尝试着独自外出,比如独自上下学、外出就餐、乘车、与同伴外出旅行、参加夏令营……

你的一次次尝试，会一点点地增加你的信心和勇气，使得你的独立能力有很大的提升。

第二，学会积极向上、团结友爱，相信这个世界还是好人多。

我听过很多家长对自己的孩子说："外面坏人多，不要一个人往外跑。"这或许就是你胆小，不敢一个人外出，不敢和陌生人说话的原因吧！

诚然，父母是为了保护你，避免你遇到什么危险。可是，你应该知道，这个世界上其实并没有那么多坏人，大多数人都是友好和善的，尤其是同龄的小伙伴。若是你整天因为害怕遇到坏人而待在房间里，不接触社会，不广交朋友，岂不是因噎废食？

就算外面有坏人，你也应该了解一下真实的社会，了解其中的真、善、丑、恶。你已经长大，不再是几岁的小孩，如果你不锻炼自己的能力，不经过一些挫折，又怎么能够获得成长？

第三，提高警惕，学会保护自己。

当然，虽然外面总是好人多，可是并不代表没有坏人。你要学会勇敢，但是也不能忽视危险和放松警惕。小伙伴们可以大胆地外出，但是要学会保护自己，不随便接受陌生人的东西，不随便跟陌生人走，更不能做一些危险的事情。

你要大胆地走出去，积极乐观地解决在社交和生活中遇到的难题，同时也要保持警惕，学会保护自己的安全。胆小的你也可以收获自信、勇敢、独立，成长为令人骄傲的孩子。

第五章 敢不敢胆大一点

上课发言，当众讲话，你为什么要害怕？

某天，我看到邻居小孩琳琳一脸不高兴的样子，身边的朋友都在安慰她，说："没关系！这一次你没表现好，下一次再努力，肯定能拿到好成绩！"

琳琳低着头，满脸沮丧，忍不住委屈地说："我在家足足准备了一个月，每天都练习，把稿子背得滚瓜烂熟。昨天晚上排练，表现得还不错。可是今天一看到台下那么多人，我就……"

琳琳越说越委屈："哎呀，我怎么就那么容易紧张呢？上了台就怯场，之前的一些演讲和表演也是如此。这是为什么呀？！"

一当众讲话就开始紧张、害怕，说的就是那些容易怯场的小孩。小伙伴们是不是也有同样的感受呢？比如在公众面前说话、演讲，或是在课堂上发言，被老师点名回答问题，心里就紧张和害怕，吞吞吐吐，大脑一片空白。你想这是为什么？是胆小，内向？还是不大气，上不了台面？

说实在的，种种原因都有可能，只是或多或少而已。怯场，真的很是普遍，尤其是性格内向的小伙伴，最为明显。但是请记住，这绝不是内向者的缺陷，就算是外向者如果缺乏胆量和勇气，也会怯场。台下人来疯，一上场就怂。

可是说实在的，怯场，害怕当众讲话，真的可能让一个人失去很多提升自己的机会，也可能让一个人变得越来越不自信和胆怯。就好像琳琳，本来是自信满满、乐观的女孩，却因为一次次失败的经历，而开始变得自我怀疑，回避当众说话，甚至拒绝在同学们面前发言。她渴望表现自己，可是每次都会思来想去，斟酌好久，担心自己表现不好，生怕出了什么错。这导致她陷入一种越害怕越不自信，越不自信越表现不好，越表现不好越害怕的死循环。

小伙伴们，我们需要知道：上课发言，说错了是正常的；当众讲话，出了错也是正常的。这都没什么，你只要接受现实，多加练习就可以了。你可以先去尝试，只要不怕出错，不怕出丑，练习的次数多了，你就会表现得越来越好，越来越勇敢和自信。

说到底，没有谁天生勇敢，只有不断地锻炼，过了心理那道坎儿，自然就会不再害怕和恐惧。小伙伴们完全没有必要因为怯场而焦虑，甚至怀疑自己的能力。就算上台前紧张害怕，也没什么。想办法找到原因，并且战胜它，不管结果怎样，我们就成功了一半。接下来，只要你不断地肯定自己和鼓励自己，勇敢地多发言、多讲话，多在同学

第五章 敢不敢胆大一点

们面前表现自己，自然就可以从不自信中解放自己。

第一，好好地利用"OK线"的心理训练法。

什么是"OK线"？这是一个专门为容易怯场的小伙伴创立的训练方法。简单来说就是在发言前，或是上场前给自己制定一个"做到这样就OK了"的目标。比如上课回答问题，对自己说："只要我说出自己的答案，就OK了。"上台演讲时，鼓励自己："我只要保持微笑，大声地说出1、2、3点，就OK了。"

多做这样的心理训练，并且给自己制定一个合理的目标，那么我们就会慢慢地克服怯场，而且变得越来越有信心。所以，小伙伴们不妨从现在就开始训练吧！

第二，战胜怯场，必须树立自信，相信自己是最棒的。

亲爱的小伙伴，你害怕上课发言，不敢当众讲话，是因为你不相信自己。你总觉得自己不行，总担心自己表现不好，所以越来越紧张和害怕，不再有勇气站在众人的面前。所以，你要相信自己，给予自己鼓励，不妨对自己说："我是最棒的。""我一定能表现好。"久而久之，自信和勇气就会重新回到你的身上。

第三，放松你的身体，尽量让心情放松起来。

很多怯场的人，在登台前会尽量地放松自己的身体，或是闭上眼睛，放松身体的每一个部位，什么都不想，或是活动一下身体，然后大口大口地深呼吸几次。当你的身体彻底地放松下来后，心情自然就得到了放松，也就把紧张、害怕、焦虑的情绪从自己的身上赶跑了。

图 5-3　战胜怯场

小伙伴们，只要你尝试一下，就知道这真的有效。

第四，大胆尝试，允许自己出丑。

一些小伙伴害怕课上发言和当众讲话，是因为非常在意别人的眼光。同样，这也是不自信的表现。所以，你必须铲除这种心理，大胆地表现自己，不要管别人怎么想，更不要担心自己是否出丑。你要做的，就是正常发挥，简单明确地说出自己的观点。即使失败了，只要事后总结经验，汲取教训，争取下次做得更好，这也是一种收获。

第五章 敢不敢胆大一点

去和那个陌生小孩大方地交个朋友吧

你是喜欢一个人待着，还是喜欢交朋友呢？

我想你会说："当然是交朋友啦！随便找一些小伙伴来问一问，有谁不喜欢和小伙伴们一起玩耍？"我确实找了一些小伙伴，也从绝大部分人那里得到了同样的答案。可说归说，我发现一些人说这话时，有些面露难色。原因很简单，这只是一种美好的愿望，实际上他们根本不善于交朋友，更不敢接近其他同龄人，甚至一遇到陌生人，就开始变得局促不安。

一日，接女儿麦麦放学回家，路上遇到麦麦的同班同学，便约着一起到广场玩耍。正巧，几个同龄小孩正在玩丢沙包游戏，好不欢乐。麦麦见此情景，马上高兴地主动加入游戏，留下的那个同学在一旁略显孤单。

我鼓励她说："去和她们一起玩吧！看她们玩得多开心呀！"

女孩低下头，面露紧张之色，然后轻声说道："我……我不敢去，我不认识她们……"

"这有什么关系，都是同龄的小伙伴，玩一会儿就认识了！"我拍了拍女孩的肩，继续笑着鼓励道，"你看，我家麦麦不是和她们玩在一起了！"

女孩依旧有些害羞，只是往前迈了几步。此时，她妈妈着急地说："哎呀，你怎么这么胆小，真是没出息！"听了妈妈的话，女孩就更不敢行动了。她独自一人待在那里好半天，只能看着别人玩得十分开心。

见到小伙伴开心地玩耍，内心渴望加入，可是不敢主动加入，不敢去接触、去交往。这在很多小伙伴身上都有体现，有的可能较轻微，有的可能较严重。其实，我知道，你也不想这样，因为没有哪个小伙伴讨厌交朋友，不喜欢与大家一起玩耍，就好像没有哪个小孩讨厌吃糖果一样。你非常渴望交朋友，接触陌生的小孩，与同龄人一起说话、游戏，可总是缺少一些勇气。

我知道你有很多心理活动，做了很多心理斗争：我想加入他们，可是我不认识他们。我会不会被拒绝？他们会不会喜欢我？被拒绝了，我应该怎么办？……心理活动越多，紧张的感觉就会被无限放大，就会感到越来越不安和害怕，然后越来越不自信。最后，你越来越惧怕接触其他人，更没勇气主动与小伙伴交朋友了，甚至对于小伙伴的主动邀请都感到紧张不安，无法参与其中。

害怕是人们面对陌生的人和环境时的一种正常反应，但是如果你不能够战胜害怕这种心理，就很难结交朋友！其他小伙伴并不难接近，

第五章 敢不敢胆大一点

交朋友也没有那么难，只要你能够勇敢一些，事情就会变得很简单。

亲爱的小伙伴，我希望你能积极交往、接触性格积极阳光的朋友，因为这样的朋友大多心态比较好，做什么事情都积极乐观。多和他们接触，你自然就战胜胆小内向，拥有许多小伙伴。我希望你能大方地和会学习的孩子交朋友，因为这样的朋友，也可以让你会思考、爱学习。

在成长的道路上，你需要交更多的朋友，应该勇敢一些。或许你比较内向胆小，或许你不善于社交，但是不应该把自己封闭起来，而应该主动走向小伙伴，大方地与他们交朋友。下面是我给小伙伴们的几点建议。

第一，不轻易地给自己贴上消极的标签。

图 5-4　推销自己

"我内向，不善于社交。""我不喜欢交朋友，可以不勉强自己。"很多小伙伴不敢接触陌生人，不敢去结交朋友，很大一部分原因就是轻易地给自己贴了标签。这些标签是一种自我安慰，也是自我逃避。

但是，不管怎样，它只会给你造成一种消极的心理暗示，让你越来越胆小，之后几乎很难交到朋友，甚至在长大后形成社交恐惧。所以，你千万不要给自己贴上消极的标签。

第二，大胆地推销自己。

勇气，是克服内向、怕生的关键，比一切都重要。所以，想结交朋友，你就需要让自己变得勇敢一些，主动且大胆地推销自己。如果你见到自己喜欢交往的小伙伴，就可以对他说："让我们做朋友吧。"如果你想和小伙伴一起做游戏，就可以走到他们面前，自信地对他们说："我可以加入吗？"

没有谁会拒绝小伙伴善意、积极的请求，那么你为什么不大胆地推销自己呢？

第三，通过各种途径多接触同龄人。

对于内心胆小的小伙伴，战胜恐惧并不是一件简单的事情，所以你可以首先从熟悉的同学入手，利用一起玩耍的机会，来锻炼自己的勇气和能力。你可以多去人多的地方，比如广场、公园、游乐场等地，感受一下社交的氛围，逐步消除自己对陌生小伙伴和陌生环境的紧张和害怕。

第五章 敢不敢胆大一点

重在参与!
别让害羞掩盖了你出色的能力

我记得初中时的好友晓菲就是一个明显具有躲避情绪的害羞者。

说实话,晓菲学习很不错,也很有能力。可是她有些害羞,平时说话声音不大,很少在公开场合表现自己。她每次在老师同学们面前发言,还没站起来脸就红了。

那个时候,学校号召同学们自发地组建一些社团,可以是绘画社、舞蹈社,也可以是围棋社、跑步社。晓菲从小就学习绘画,多次在绘画比赛中得奖,于是老师建议她带头组建一个绘画社。晓菲却吞吞吐吐地说:"老师,还是算了吧!我不知道怎么和同学们说……我……我不行……"

在和同学们熟悉之后,晓菲害羞的性格虽然有所改善,变得比较活泼起来,可是这仅限于在私下里。若是当众讲话,她又回到了那种内向害羞的状态。同学们推选她做班长，她却因为害怕在同学们面前说话而放弃了。

晓菲为此很苦恼，不止一次地和我说："我知道，我是一个胆小，而又害羞的人，很怕生，又敏感，不敢主动和人交往，不善于表现自己。我为此很苦恼。你说，我究竟该怎么办呢？"

其实，有这类困扰的人不在少数。容易害羞的人一般属于内向性格，大多怕生，不爱说话，喜欢独处，不善于参与集体活动。有调查显示，80%的人经历过害羞。所以，如果你有些害羞，不需要太过担心，毕竟有那么多人——有同龄人，也有大人，都和你一样害羞。

可是，如果你太过于害羞，因为害羞而不敢表现自己，不敢加入小伙伴的谈话、讨论或活动，那就需要做出努力了。因为在校园里，你有点儿内向、害羞，还不是大问题。毕竟你还小，校园生活比较单纯，你只需要好好学习就可以。可是等你长大了，进入社会之后，还是那么害羞，不能在公众场合很好地表达自己，不能积极地参与集体活动、与人打交道，那问题就大了。

说小了，你很可能交不到朋友，交际圈非常狭小。说大了，你做事的成功概率会很低，甚至可能在社交、职场上寸步难行。

诚然，每个人都有害羞的时候。因为每个人在与人交往，或是在别人面前展示自己时，都会产生紧张、恐惧的心理。但是自信、勇敢的人，与缺乏自信、勇敢的人是有很大区别的，态度和结果也有巨大差别。所以，你需要改掉害羞的弱点，锻炼胆量和提升自信。

第五章 敢不敢胆大一点

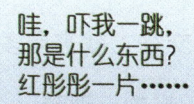

图 5-5　告别害羞

　　从某种程度上来说，害羞源于你的性格，但更源于你的自卑和恐惧心理。不要以为那些善于表现自己，在别人面前能展现出色能力的人都是天生的，实际上很多人也很害羞。可是他们贵在勇敢，能够不断地磨炼自己，让自己变得自信、勇敢起来。

　　萧伯纳，是一位出色的戏剧家，也是著名的演说家。他小时候很害羞，胆子很小，就算被别人邀请到家中做客，也总是在大门前徘徊半天，迟迟不敢叫门。但是，他没有逃避，而是开始重新认识自己，并且不断地鼓励自己，最后成为一个出色的语言大师，向所有人展现了出色的语言能力。

　　害羞，真的没什么。如果你没有勇气去改变它，只知道逃避，那么它就会影响你的学习、社交甚至整个人生。

　　小伙伴，你不能太害羞，更不能让害羞掩盖了自己出色的能力。

所以，从现在开始，就努力做出改变吧！以下是我给你的几点建议。

第一，做出努力，多给自己鼓励和暗示。

若是你真的害羞，且已经影响了正常的人际交往，就需要多锻炼自己。我建议你走出自己的世界，多给自己一些积极的心理暗示。

你要尝试着表现自己，对自己说："我不能太害羞，我可以提出自己的想法。""这很简单，只要我迈出第一步。"你越是鼓励和暗示自己，你的胆量和自信就越充足，时间长了，你真的就会变得不再胆小，变得勇敢、自信起来。

第二，重在参与，锻炼自我表现的能力。

在此，我需要提醒小伙伴们，自我表现的能力在成长中起着十分重要的作用。只有你培养敢于展示自我的能力，及时让自己在社交中得到锻炼，克服害羞、胆小，变得敢于展现自我时，你才能不断地提高自我，进而变得越来越优秀。

第三，让自己变优秀，让别人看到你的能力。

因为不优秀，所以没自信，因为没自信，所以没勇气，就会变得更加害羞了。所以，如果你想克服害羞的弱点，敢于自如地表现自己，你就需要不断地努力，让自己变得更加优秀。

· 第五章　敢不敢胆大一点 ·

受欺负了，努力让自己变勇敢

谁也不想被欺负，可是就算在校园里你既可能遇到友善温暖的朋友，也可能遇到霸道、有恶意的坏小孩。没错，并不是所有小孩都是天真无邪的，世上也有一些"熊孩子"坏小孩。他们想捉弄、嘲笑、欺负甚至霸凌其他同龄人。

小伙伴们，或许你就正处于这样的困境。我知道你没办法左右那些坏小孩的行为，可是我希望你能明白，你可以决定自己的选择。而且这选择对于你真的非常重要。

有这样一个童话故事。

一位美丽的公主，因为国家遭到敌人袭击而逃亡，只能带着侍女前往邻国，向有婚约的王子求助。在到达邻国前，侍女动了邪念，逼迫公主脱下华服，穿上自己的侍女服，然后侍女换上公主的衣服，摇身一变成为公主。

侍女对公主威逼利诱，威胁她不许说出互换身份的秘密，否则就会杀掉她。公主害怕极了，保证自己绝不会说出秘密。就这样，公主成了侍女，一直伺候假公主。公主每天被侍女欺负、折磨，每天都以泪洗面，只能看着王子对假公主悉心照顾。

或许你会说："公主为什么不反抗？难道就没有向王子求救的机会？"机会是有，可问题是她不敢呀！就算每天有一些和王子单独相处的机会，她也不敢说，因为她真的害怕被假公主发现和杀害。

她肯定想过反抗，但因为性子太软弱，胆子太小，她一次次地放弃和否决了自己。她安慰自己："为了安全，我还是听话吧。""只要我听话，就不会被杀害。"可是真的这样吗？不，软弱无疑助长了假公主的气焰，让她更加变本加厉。

故事的结局是好的，毕竟是童话故事嘛！最后，王子发现假公主的言行举止粗鲁、野蛮，"侍女"却优雅大方，心地善良。王子经过一番调查和试探，终于发现了事情的真相。王子解救了公主，并且帮公主复国成功，然后他们幸福地生活在一起。

没错，童话总是有一个完美的结局。可是说真的，我希望小伙伴别只关注结局的美好，而是多一些思考，思考自己若是受到欺负应该怎么办？忍耐、屈服，还是反抗，勇敢地保护自己？告诉你吧，忍耐和屈服显然是无法让人停止对你的欺负的，因为你越沉默，他就越得意，越想从欺负你的过程中得到快乐和满足。

"欺软怕硬"这一条定律，在大人中适用，在小孩中更适用。你如果仔细观察就会发现，每一个被欺负的小孩，都是从告诉老师，或是

第五章 敢不敢胆大一点

大胆反抗的那一刻才终止被欺负的。我曾经看到几个坏小子围着一个小个子男孩说笑,说他没人要,成绩差,一边说还一边冲着他做鬼脸。一开始男孩只是低着头往前走,明显想要摆脱这些坏小子。可是他越着急离开,他们就越追得紧,说笑的声音就越大。突然男孩停住了,抬起头,大声喊道:"不要再跟着我!以后也不要再笑我!"顿时,坏小子们愣住了,不一会儿就灰溜溜地走了。

图 5-6 勇气伞为你挡住胆小雨

拿破仑上学的时候个子矮,常被一个高年级的高个子同学欺负。但拿破仑不服输,经常找高个子同学比试拳脚,常常被打得满脸淤青。后来高个子同学不耐烦了,问他到底想怎样,拿破仑说:"除非你给我道歉，不然我就一直找你的麻烦。"高个子同学只好给拿破仑道歉。

也许有人认为，被取笑算不上被欺负。然而从某种程度上来说，欺负甚至霸凌往往是习惯性的。一旦你不勇敢，没有及时反抗，就会被贴上"好欺负"的标签，然后成为被欺负和霸凌的对象。所以，小伙伴，我希望你勇敢，不软弱，就算被高大、强壮的人欺负也能够第一时间反击，勇敢地保护自己。下面是我给你的一些建议。

第一，人是欺软怕硬的，你应该做个勇敢的人。

怀有恶意的孩子，往往喜欢欺负那些胆小、软弱的小伙伴。所以，平时你需要勇敢、自信，不能一副唯唯诺诺的样子。面对欺负时，不能总是低着头，不敢看对方，或是一味地哭泣、求饶。

第一次被欺负时，不管对方的表现多强悍，你都应该勇敢地直视对方，挺胸抬头，并且大声地告诉对方："你不要欺负我！"其实这是给他一种"我不好欺负"的信号，让对方有所忌惮，不敢再轻举妄动。

第二，一定要说出来，向老师或家长求助。

或许因为被坏小孩威胁，或许担心被报复，很多小伙伴被欺负或霸凌后，不敢告诉其他人，也不敢向老师或父母求助。你要知道，这样做是错误的。沉默，只是自我逃避，不能保护自我。只有说出来，问题才能得到解决，并且达到保护自己的目的。

第三，要反击，也要自救。

就算对方个子比你高，就算对方人数多，小伙伴们也不能表现得懦弱，任人欺负。面对欺负，你要学会反击，即便势单力孤，打不过对方，也不要一味地承受，要学会寻求外援，有策略地反击。当然，

第五章 敢不敢胆大一点

最好的反击是强大自己,所以小伙伴们要锻炼自己,让自己变得强壮起来,学会一些防身术,或是学习一些反击的策略。

这样不仅能让你能更好地保护自己,还可以让自己更加勇敢和自信。

第六章

一败不涂地

输就输了，没有关系，
不要哭泣，也别放弃

人生的道路上有太多的坎坷，所以跌跤在所难免。你跌倒了，没关系，再爬起来，继续前行。同样，在人生的赛场上，没有人能一直赢下去，也没有人会一直输下去。其实，输了也没关系，下次赢回来就行。

第六章 一败不涂地

不是什么事情你都能赢

小伙伴们，说一件发生在我身上的糗事。

小时候的我很好强，特别执着于赢。也正是因为好强，使得我的学习成绩一直名列前茅。有一年，我所在的班级转来一名新同学。新同学的成绩非常优秀，和我不相伯仲，对此我表现得很不服气。

在期中考试来临之际，同学们纷纷议论我能不能保住班级第一，能不能比新同学考的成绩好。甚至有些同学为此打赌，赌注就是赌输的人要替赌赢的人值日一周。当我得知同学们都认为新同学能比我考的成绩好时，我的"好胜"心被彻底地激发了出来。我暗暗发誓，自己的考试成绩一定要比新同学更加优秀。

那段时间，我非常用功，每天晚上都复习到很晚。我对自己的数学成绩很有信心，但是对语文成绩很忐忑，因为我还没有彻底地掌握课本上所有的知识点。在考试的前一天，在"好胜"心的驱使下，我做了一个疯狂的决定：我将课本上自己不熟悉的重点、难点抄在了小纸条上，准备在考试的时候用。

事实上，我的直觉还是蛮准的，试卷上有好几道题与我抄在小纸条上的内容有关。在老师走上讲台时，我悄悄地拿出了小抄，找到答案后，誊写在试卷上。那一刻，我非常害怕、紧张，但是为了赢得这次考试，我强迫自己镇定下来。最终，老师还是发现了讲台下鬼鬼祟祟、眼神乱瞟的我，并当场没收了我的小纸条。

这件事情的最终结果是，我的语文成绩作废。与此同时，老师将事情告诉了我的父母，我被父母狠狠地惩罚了一回。

每个人都有"好胜"心，但是，并不是你想赢就一定会赢。有时候太执着于赢，反而会成为输的一方。就像我，谁也不能肯定我的考试成绩不如新同学，但是因为我太想赢了，而做了一件让自己彻底输掉的傻事。

小伙伴们，你们在面临输赢的关键时刻，是否也执着于赢呢？此刻，你不妨反省一下，在和别人做同一件事时，你是否总想处处压人一头？在和别人比赛时，你是否会想方设法地成为赢家？如果有这样的心理，就说明你有一颗争强好胜的心。

不可否认，"好胜"心有一定的可取之处，因为从一定程度上来说，"好胜"心能够促使我们全身心地投入到比赛中，哪怕输了，也会比不用心、不尽力的结果好上太多。但是，当你太过执着于输赢，太想当常胜将军时，就会失去自我。

首当其冲的是，你会摆不正自己的心态，总是试图用歪门邪道的

第六章 一败不涂地

方式来赢得比赛。就像我因为太渴望赢,而搞歪门邪道,做出了抄袭这样的事;其次,如果面临的结局是失败时,你就会承受不了,就会失去自信。因为一个对赢太过于执着的人,总爱钻牛角尖儿。当面临失败时,不仅无法接受败局,还会不由自主地怀疑自己的能力,渐渐地就会失去自我。

小伙伴们,你要明白,谁也不可能事事顺利。要知道,这个世界上可没有常胜将军。哪怕你的经验再丰富,能力再出众,也会有输了的那一刻,因为这个世界上人外有人、天外有天。

图 6-1 只有不断经历失败挫折才能迎来最后的胜利

吉姆·罗杰斯是一位享誉世界的投资大师，他有着"股市常胜将军"的称号。但是，这位常胜将军遭遇的滑铁卢可不少。

罗杰斯除了喜欢投资外，也喜欢环游世界。有一次，他去纳米比亚，看中了一颗没有切割的天然钻石，想买下来送给妻子。当时，店家开价7万美金，罗杰斯硬是砍价到500美金，并最终达成交易。当他洋洋得意地向妻子炫耀自己花了极少的钱买下一颗美丽的天然钻石时，妻子朝他泼了一盆冷水：她告诉他买到的是一颗假钻石。

罗杰斯一点儿也不相信妻子的话。他带着钻石找到了一位钻石商人，钻石商人告诉他，他买到的确实不是钻石，而是一颗玻璃球。

吉姆·罗杰斯作为一名眼光毒辣的投资大师，没想到却败在了一颗小小的玻璃球上。可见，不管你的运气有多好，能力有多出众，也会有面临失败的那一刻。所以小伙伴们，我们可以对输赢表示出应有的关心和在意，但是不能对赢太过执着。

那么，我们如何接受败局呢？对此，我有以下几点建议。

第一，正确看待输和赢，明白有时候输是赢的另外一种呈现方式。

小伙伴们，我们之所以输，是因为有不足的地方。输能够让我们看到自己的不足。当我们弥补自己的不足后，就能提升赢的概率。所以，输并不是无可取之处，它只是赢的另类体现。

第二，学会放低对自己的要求，你就能坦然地接受败局。

我们之所以会执着于赢，是因为对自己有着很高的要求。比如每次考试时，总会有人考不好，而那些陷入自责中无法自拔的孩子，往往对自己要求过高，而那些对自己要求不高的孩子，则是坦然地接受了没有考好的现实。所以，你想坦然地接受败局，就要先试着放低对自己的要求。

当然，在放低自我要求时，要把握好尺度。因为当你自我要求的尺度过低时，就会像大海里的小船失去方向，失去前行的动力。

与其说是害怕失败，不如说是害怕外界对你的议论

每个人都经历过失败。当你面对失败时，会感到沮丧，感到难过，感到迷茫。也正是因为这些负面的情绪，使得我们害怕失败。可事实上，你真的是害怕失败吗？其实不然。与其说你害怕失败，不如说你是害怕外界对你的评价。

我认识一个小朋友，他叫团团，今年十三岁。团团从小就对围棋十分感兴趣。爷爷见他一学就会，懂得变通，就送他去专业的围棋班学习，就这样一学十多年。团团在围棋上很有天赋，说他是围棋小天才也不为过。他从小到大参加过很多次比赛，每一次都能获得奖项。

我是看着团团长大的，他的每次比赛我都十分关注。但是我发现了一个问题，就是小时候团团每次参加比赛都是兴高采烈的，哪怕取得的名次不太好，也不能够减少他对围棋的热爱。但是随着年纪的增长，他每次参加比赛时都是眉头紧皱，让人很难感受到他对围棋的热忱。

前段时间，团团参加了一场国际性的围棋比赛。老师、家人和同学们都觉得凭他的实力能够进入决赛，可以说对他抱有很高的期望。但现实却是，他在初赛时就被淘汰了。尽管这次比赛团团没能取得好成绩，但老师和家人都没有责怪他，反而鼓励他再接再厉。但是，团团变得异常沉默，回到家就将自己关在房间里。他不想再下围棋，也不想去学校上学。

后来，我和团团谈了一场心。我问他是不是害怕失败，他回答我说："不是。"他真正害怕的是同学们对他的评价。

团团小的时候对围棋比赛的输赢并没有那么执着。也正是因为他年龄小，会屏蔽外界对他的议论。但是随着不断长大，他将外界的议论听进了心里。当同学们质问他为什么会输，而且开始怀疑他的实力时，他的心里就会感到异常难受。这种感觉比输了比赛有过之而无不及。

为什么我们会在乎并害怕外界对自己的议论呢？这是因为外界的议论是不可控的，能够对我们的心灵造成伤害。外界的议论之所以能对人们的心理造成伤害，这与人们的成长阶段有关。

第六章　一败不涂地

图6-2　别让别人的议论左右你

每个人都要经历一个从无律到他律的阶段性转变。从心理学角度来说，无律是以自我为中心的阶段，具体表现为以自己的利益为主，只在乎自己的看法和想法。随着成长，每个人将会进入他律阶段，具体表现为以他人为中心，极其在乎他人的看法和想法。当你的他律意识越强时，别人的评价对你造成的心理影响就越大，伤害也将越大。

可见，失败并不是我们最大的敌人，外界的议论才是最可怕的。所以，小伙伴们，你与其说是害怕失败，不如说是害怕外界对自己的议论。

那么，当遭遇失败时，如何才能做到不在乎外界对自己的议论呢？

第一，认识自己的不足之处。

当一个人在乎别人的议论时，或多或少都有点儿追求完美的心理，可是没有人能够做到十全十美。所以，当你意识到"我并不完美"后，在面对他人的议论时，就能做到波澜不惊。所以，小伙伴，你要努力找到自己的不足，并且接纳这个现实。

第二，提升自我的自信心。

当一个人不自信时，就会变得敏感多疑，就会格外在乎别人的议论，就会为别人的议论而自卑。哪怕别人的评价十分中肯，你也会觉得是在批评自己。然而，生活在这个世界上，我们往往不可避免地会听见一些负面的声音。所以，我们需要提升自信，只要你有了自信，那么外界议论就无法影响你。

亲爱的小伙伴，你在面对输赢时，究竟是害怕失败，还是害怕外界对你的议论呢？如果你害怕的是外界对你的议论，不妨试一试我的以上几点建议。

第六章 一败不涂地

当败局不可避免时，要学会坦然接受

　　小伙伴们，你有没有发现，我们所做的每一件事其实都是两种结果——成功或失败。如果成功了，我们固然欣喜。但是如果失败了，也不必气馁。如果你真的尽力了，仍然无法扭转乾坤，那么这个败局便是不可避免的。你唯有坦然地接受现实，并且通过努力将局势朝好的方面引导，这才是最有利的结局。

　　我记得读书时期，市里举办了一场英语竞赛，我所读的学校仅有三个名额。那时候，我的英语成绩很不错。再加上我很努力，在学校举办的竞赛名额选拔考试中，我过五关斩六将，最终获得了一个名额。

　　我对自己的期望很高，也很有信心。我觉得就算拿不到一二等奖，也能得个三等奖。不过，我的这种自信很快就被送考的老师浇的凉水扑灭了。

　　那天，我们乘坐大巴车前往考场。因为路程很长，无聊的我们便和老师闲聊起来。有同学好奇地问老师，这次竞赛的试题难不难，老师回答说，试题很难。有同学又问老师，我们得奖的概率大不大，老师笑着对我们说，这次竞赛我们学校的学生其实是陪跑。言外之意是我们不可能会得奖。

老师的话让我和同学们都十分诧异，当时的我既生气又不服气。我生气的是，老师很不负责任，他不应该朝我们泼冷水，应该鼓励我们才对；我不服气的是，我还没有参加比赛，为什么就一定会失败呢？

老师对我们解释说，往年每次参加英语竞赛时，我们学校的学生都没有获奖。没能获奖的原因是，市里的孩子不仅从小就学习英语，还上校外的各种英语兴趣班、辅导班等，这丰富的教育资源使得他们英语成绩要远远领先于我们。事实上，正如老师预料的那样，那次竞赛我们没有一个人获奖。

现在回想起来，当我得知自己没有得奖后，心里十分平静。因为我打心底明白，老师说的话虽然不中听，但是很有道理，所以我认同这场考试我面临的是不可避免的败局。神奇的是，当我坦然地面对败局时，我认识到了自己在英语上的短处，也意识到了自己在英语学习方面需要更加勤奋、努力。可见，坦然地接受败局，并非毫无可取之处。

小伙伴，你要知道，任何事物都具有两面性。我们在面临败局时，不要只想着失败所带来的恶果，也应该想一想它给我们带来了哪些有利的方面。

第六章 一败不涂地

坦然地面对败局，会让你认识到自己的不足之处。因为当我们成为赢家时，注意力就会被喜悦的情绪冲散，根本发现不了自己的不足，反倒是坦然地接受失败，能够让我们反省自我，并找到不足之处。你只有先发现自己的不足，才能够通过努力去弥补不足，让自己变得更优秀。

图 6-3 接受失败是强大的开始

此外，接受失败的现实，也能够让我们的心灵更为强大。我们的心灵就像一棵小树苗，只有经历过失败的风吹雨打，才能长成参天大树。同样，当我们经历的失败多了，自己的承受能力就会不断增强，心灵就会变得更加强大。

小伙伴们，我曾经看过这样一个纪录片。

在一场地震中，年轻的女孩因为没来得及逃离屋子，被压在了墙体下。庆幸的是，墙体倒塌时形成了一个狭小的空间，她蜷缩在里面。

但不幸的是，她的一条腿被墙体压住了。女孩曾尝试着从墙体下抽出自己的腿，但她每动一下，墙体就会晃动。

女孩担心墙体完全倒塌后，会有生命危险，所以她不再动弹，忍着疼痛等待救援。经过一天一夜的搜救，女孩被救了出来，而她的腿已经坏死，必须截肢。

家人和朋友觉得，女孩得知截肢的消息肯定会崩溃，因为她是一名优秀的舞蹈演员，她无比地热爱跳舞。但令众人意想不到的是，女孩听到消息后很平静，并主动和医生谈论手术问题。

女孩的手术进行得很顺利，术后恢复得很好。当朋友们忍不住问女孩为什么能那么坦然地接受截肢手术时，女孩笑着说："比起地震中失去生命的人来说，我仅仅失去一条腿而已，我还有什么不能接受的呢！"

女孩的遭遇十分悲残。首先在自然灾害面前，人类显得格外渺小，在与自然灾害的对峙时，人类无疑是弱者；其次，女孩的腿已经坏死，在现实面前，她毫无扭转乾坤之力。面对悲残的现实，唯有坦然接受，并积极地引导事情往好的方向发展，才是最有利的。那么，如何做到坦然地面对败局呢？

第一，要从不同的角度去看待失败。

任何事物都存在双面性，既有好的一面，又有坏的一面。失败也是如此，它也能给我们带来积极有利的一面。所以，我们要试着从不同的角度去看待失败。

第二，多给自己制造逆境，提升自我承受力。

第六章 一败不涂地

当我们长期处于顺境时，心灵就会变得脆弱，稍微遇到一点儿挫折，就会难以承受，更别说面临败局了。相反，如果我们能经得住逆境的考验，心灵就会变得无比强大，承受力也会变强。所以，在平时，我们要正确面对逆境，学会用逆境来磨炼自我。

第三，要学会控制自己的求胜心。

一个人不能没有求胜心，因为没有求胜心，就没有前进的动力。但是，人的求胜心也不能太强，因为太强的话，容易钻入死胡同。

小伙伴们，一次失败并不代表永远失败，我们不要将目光放在已经成为过去的失败上，而是要往前看。当你迈过失败这个坎儿，就会发现成功就在眼前。

这次输了，下次赢回来

我们所处的是一个高速发展的社会，也是一个处处需要竞争的社会。比如上学时期，要和其他同学比成绩；步入社会后，要和同事比能力，比业绩。然而，只要有竞争就会有输赢，而且我们不可能永远是赢的一方，总会有输了的时候。

那么，当我们输了时该怎么办呢？是怨天尤人，颓废沮丧？还是振作起来，重新起航呢？我相信聪明的小伙伴都会选择后者。

其实，输并不可怕，可怕的是输不起。如果我们这次输了，就让自己下一次赢回来。你会发现，下一次的赢比上一次的输更能让你有满足感。

我说一个发生在我身上的故事。

有一年，我所在的学校举办了一场运动会。小时候的我很有运动天赋，也有很强的班级荣誉感，所以在其他同学对1500米的长跑项目避如蛇蝎时，我主动报了名。老师表扬我很勇敢，同学们也纷纷给我打气，说我一定能赢。这激起了我的求胜心，让我对赢得比赛格外执着。

为了能赢，我付出了很多努力，比如每天早上我都会早早起床，然后去附近的公园里跑上两圈；每天下午放学后，我会在学校的操场上跑几圈再回家。不管刮风下雨，我都坚持训练，就这样一直到运动会拉开序幕，而我的体能和跑步速度也都得到了显著的提升。

可能是我太想赢了，所以我不放过我能赢的每个细节。我将注意力放在了我的运动鞋上，我发现我的运动鞋太旧，且弹跳力不足，于是恳求父母给我买一双性能好的新鞋子。父母答应了，还在买之前提醒我，新鞋子可能会磨脚。对此，我并没有放在心上。在比赛的那天我毅然决然地穿上了新鞋子。

当比赛枪声响起后，我立马冲到了最前面，但是我跑着跑着，就

第六章 一败不涂地

发现脚后跟非常痛，很显然是新鞋子在磨我的脚。尽管我咬牙坚持，但还是被一个又一个的同学赶超了，最终我跑了最后一名。

虽然我很沮丧，但是我并没有抱怨，因为我清楚地知道穿上新鞋子参赛是自己的选择，我怪不了别人。与此同时，我也清楚自己是有实力的。所以，我坦然地接受输了比赛的现实，并下定决心在下次比赛时一定要赢。在第二年的运动会上，我依然报了长跑项目。我吸取了上次失败的教训，穿着平时训练的运动鞋参赛，并最终赢得了第一名。

图 6-4 把挫折、失败变成向上的阶梯

小伙伴们，输赢是兵家常事。没有人能一直赢，也没有人会一直输。如果输了，就让自己下次赢回来。但前提是，你要保持一颗平常心，不能对输赢太过看重，否则就会适得其反。因为当我们太看重输的话，就会陷入沮丧的情绪中，继而丧失自信心，那样的话距离赢将遥遥无期；当我们太看重赢的话，就会产生偏激、嫉妒等不良心理。

有一个小男孩，父母对他的要求很高，从小就给他灌输竞争意识。这使得他格外看重输赢，尤其是考试成绩。

小男孩在强烈的求胜心的影响下，学习异常地认真刻苦。有付出就有回报，他每次考试都是第一名。然而有一次，他遭遇了滑铁卢，考取了第二名。在别人看来，第二名也很优秀，但是小男孩无法接受，他钻进了牛角尖儿。

后来，有同学告诉小男孩，考第一的同学一定是作弊了。小男孩很生气。他没有经过核实，就擅自对那位同学实施了霸凌。最终，小男孩的行为造成了恶劣的影响，他不仅被学校通报批评，还被要求转学。

小男孩因为对赢太过看重，以至于产生了偏激心理，而且他将输不起的心态展露得淋漓尽致。如果小男孩有"这次输了，下次赢回来"的心理，那么他面临的将是截然不同的结局。因为如果考试分数比他高的人没有抄袭，他会付出更多的时间和精力去学习，而且有付出就会有回报；如果考试分数比他高的人有抄袭，那么在下一次考试时，就会原形毕露。所以，不管别人如何，平常心对他而言都是百利而无一害的。

小伙伴们，你想赢，就必须做好输的准备。这次输了，没什么，你下次赢回来。对此，我给你们以下几点建议。

第一，要学会认清事实，坦然地接受输的现实。

我们想要在下次赢回来，就要先接受输的事实。倘若不敢面对输的结局，那么就永远无法获得赢的结果。小伙伴们，其实认输并没有

第六章　一败不涂地

你想象得那么难，当你找到怕输的原因后，就能坦然接受了。

第二，纠正以自我为中心的毛病。

通常来说，每个输不起的人都有以自我为中心的毛病，认为别人的目光是放在自己身上的。事实上，别人根本没有你想象得那么关注你。当你不再以自我为中心时，就不会格外地看重赢，也能坦然地认输。

小伙伴们，有时候输了并不一定是坏事，因为输可以让我们有一个总结经验、教训和正确看待自己的机会。所以，输也可以说是在为下一次赢做准备。

淡化求胜心，接纳自己的不足

我曾经读过一篇极具哲理的童话故事。

在很久以前，有一对木匠父子。因为小木匠很想出去旅行，老木匠就用木头给他做了一辆自行车。

小木匠收到自行车后，并没有露出开心的表情。相反，他的眉头皱得紧紧的，显然他一点儿也不喜欢这辆自行车。因为这辆自行车的外形太奇怪，一点儿也不完美。它的不完美在于车轮子不是圆形的，而是正八边形的。而且，它的速度也比圆轮子的自行车速度慢得多。

当老木匠让小木匠骑着这辆自行车去旅行时，小木匠尽管很抗拒，但还是遵从了。小木匠使出吃奶的力气去骑车，但自行车的速度依然很慢。不过正因为车子很慢，他欣赏到了沿途的美丽风景，听到了鸟儿在树上叽叽喳喳的叫声，闻到了路边的花儿绽放出的芳香。同时，他也听到了别人对他的自行车外形的各种议论。

小木匠很在乎别人的看法，所以他用工具将自行车的车轮打磨成了圆形。当他骑着自行车继续旅行时，他再也听不见别人的议论了。与此同时，自行车的速度也快了许多，他无法再慢慢地欣赏沿途的风景了。

老木匠送小木匠正八边形车轮的自行车，是希望他能够欣赏到旅途中的风景，体验到旅行的快乐。但是小木匠太过于追求完美，辜负了老木匠的心意。

什么是追求完美的心理？简而言之，就是要将事情做到最好，令人挑不出一点儿瑕疵。在生活中，我们可以追求完美，因为它能够促使我们更用心地去做某件事。但是，当追求完美的心理过重时，就会成为我们的一种负担。

就比如在输和赢上，追求完美的人往往会异常看重事情的结果，并执着于赢。然而，现实是没有人会一直赢。当输了的时候，有完美

第六章 一败不涂地

心理的人就会感到异常难受,就会想方设法去赢,甚至为了赢而不择手段,最终的结果可想而知。

小伙伴们,你们是否过于执着于赢呢?如果是,你必然也有一种追求完美的心理。然而,我们想要淡化自己的求胜心,就要首先接纳自己的不足。

我认识一个小男孩,他叫庄庄,今年十岁,是邻居的孩子。虽然庄庄的年龄不大,但是他练字已经好多年了。从他刚学会拿笔时,家人就开始指导他怎么写好字了。经过专业的学习,庄庄如今写得一手好字,每一个见过他字的人,都惊叹不已。

每当周末天气好时,庄庄就会带着自己的笔、宣纸等文具去楼下,在广场的石桌上练字。他会和小区里的孩子们比一比谁写的字好看。庄庄人小鬼大,每次和孩子们比写字时都会约定,输的人要听赢的人指挥。

几年下来,庄庄百战百胜,成为小区里的孩子王。尽管孩子们不喜欢庄庄的游戏,但输给了庄庄,还是会听他的指挥。直到不久前,小区里来了一个同样擅长写字的孩子。

那天,庄庄和新来的孩子比写字,他们比写毛笔字和钢笔字。庄庄的毛笔字和新来的孩子写得不相伯仲,但是他的钢笔字要差上一截。所以,庄庄输了,他需要听新孩子的指挥。

孩子们嚷嚷着庄庄不再是孩子王了,大人们也调侃庄庄遇到了强劲的对手。当所有人以为庄庄会因为输而恼羞成怒,不会听新来的孩子的指挥时,哪想到庄庄对新来的孩子的话言听计从。对此,庄庄笑

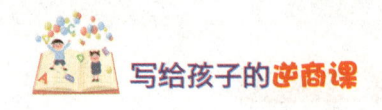

着说:"我的钢笔字有许多不足的地方,这是事实,所以我输得心服口服。"

这次比赛输了,你不要太难过啊……

这有什么可难过的,我又不是什么都擅长。而且,这也说明我还有很大的进步空间呀!

图6-5 接纳自己的不足

庄庄爱和孩子们比写字,但是他并没有那么强的求胜心,这是因为他懂得接纳自己的不足。他清楚地知道自己的钢笔字还有很多的不足。

小伙伴们,我们可以去竞争,去比赛,但是不能太执着于赢的结果。以平常心对待比赛,就是接纳自己的不足,并努力提高自己的能力。那么,具体该怎么做呢?

第一,你要知道这个世界上没有十全十美。

这个世界上,没有什么东西是十全十美的,就算是看上去完美无瑕的钻石,在显微镜下也会有瑕疵。同样,没有人是十全十美的,再

第六章 一败不涂地

完美的人身上也会有这样或那样的缺点。当我们建立了"没有什么是十全十美"的思想观念后,就不会太执着于赢了。

第二,学会正视自己,发现自己的缺点。

每个人都会有优点和缺点,然而追求完美的人会不自觉地放大自己的优点,并且缩小自己的缺点。学会正视自己,就能发现自己的缺点。我们只有发现了自己的缺点,才会有"我并不完美"的意识,才能不断努力,不断提高自己,那么对于能否赢就不会那么执着了。

第七章

知错花开

做错事不可怕，
知错能改便是成长的收益

做错了事，你的第一反应是什么？掩饰、辩解、找父母解决，还是反省、认错、及时承担？有很多种选择。不过，小伙伴们需要明白，若是你选择前者，那就是用更大的错误来逃避，错上加错。犯错不要紧，只要知错改错，敢于负责才是正确的，也是成长的收益。

· 第七章　知错花开 ·

做错事要为自己的错误买单

小时候，我经历了人生的第一次尴尬——作业没有完成。全校师生都在操场跑步，而我搬着小板凳，坐在教室外的台阶上补作业。关键是，我们的教室正对着操场。

那种感觉已经不能用尴尬来形容了！对，尴尬、丢人、懊恼，各种感觉纷纷涌上来，真的不知道该怎么形容。我只知道当时要是有一个地缝，我恨不得马上钻进去。虽然只有少数同学、老师认识我，可那时大部分孩子都是同村或邻村的，就算不认识，平时也总避免不了见面。

我想躲进教室，可是不敢。因为老师说了："不写完作业，不允许进教室。""既然你不完成作业，就应该受到惩罚，为自己的错误买单！"

那时我不甘心，甚至还有些抱怨，心里埋怨："不就是因为贪玩，没有完成作业吗？为什么非要我丢人？"现在懂了，其实老师就是为了教会我为自己的错误负责，然后不再继续犯错。说实话，那不是我第一次没完成作业，之前已经有过好几次。每次老师批评我，我也认错，可还是因为贪玩而拖延，甚至干脆不做作业。这一次过后，我没再犯类似的错误，每天放学之后第一时间就写作业。

效果真的很好。

可能很多小伙伴和我当初一样，闯祸或是犯错了，觉得认了错，就可以被原谅。很多小伙伴喜欢睡懒觉，早上不愿意起床，上学总是迟到。被抓到后，就主动承认错误，说："我知道错了，下次不再迟到。"还有一些小伙伴闯了祸，踢球砸破人家的窗玻璃，打闹打伤了小伙伴，知道自己闯祸闯得有点儿严重了，也认识到了自己的错误，或是出于害怕，担心父母责骂，而不得不承认错误。结果就是，因为没有受到惩罚，没有为自己的错误买单，只能是一次次地放纵，歉没少道，错也没少犯。这就是因为犯错风险小，不需要付出代价。

犯错风险小，也不需要为此买单，等事情过去后，自然也就由着自己的性子做事，继续犯同样的错误。换一句话说，为自己的错误负责，就是要激发小伙伴们的自控力，形成一种自制的意识和行为。

所以，小伙伴们，可以犯错，但是必须有接受惩罚和为错误买单的准备。关于为自己的错误买单，有这样一个故事。

一个十来岁的少年，在院子里踢足球，不小心把邻居的玻璃打碎了。邻居没有生气，但是对少年说："我这块玻璃值12.5元，现在被你打破了，你得赔偿。"少年没有办法，只能回家找爸爸。

第七章　知错花开

爸爸没有怪罪他，只是让他为自己的错误买单，自己赔偿邻居的玻璃。少年惊讶地问："我还是孩子，哪有钱，怎么负责？"爸爸表示："你犯的错，当然是你的责任。不过，我可以帮助你，先借给你12.5元，然后你再慢慢地还给我。"

少年想了想，觉得爸爸说的对，便通过送报纸、擦皮鞋等做零活来赚钱，承担起自己应该承担的责任。一年后他终于赚到12.5元，将钱还给爸爸。

在这里，我希望小伙伴能够和这个少年一样懂得一个道理：虽然年纪小，也应该承担自己的责任，应该为自己做的错事或闯的祸买单。

接下来，给小伙伴几个建议。

第一，做错事后，要懂得正确认识和反省自己。

"金无足赤，人无完人。"没有哪个小孩不犯错，不闯祸，既然犯错或闯祸了，就应该正确地认识和反省自己。知道什么是正确的，什么是错误的，然后对自己进行自我约束和控制，而不是由着自己的性情做事。

第二，积极认错，不逃避，不狡辩。

犯错的后果并不美妙，除了要受到批评、责骂，或许还可能接受惩罚。正因为这一点，所以很多小伙伴会在犯错后狡辩，不承认错误，甚至为了避免为错误买单而说谎。

但是不管怎样，这只会让你成为不负责的人。逃避错误，就是逃避责任，而且一个不敢认错，不敢承担责任的人，其未来的前途肯定是暗淡、坎坷的。

第三，学会自己面对问题，勇敢承担责任。

不要躲在父母背后，让父母替自己给别人道歉，或是让父母为你"擦屁股"。道歉，应该你自己亲自来，惩罚和后果也应该由你自己承担。既然不是父母的错，为什么你要理直气壮地让他们为自己承担呢？虽然他们是你的后盾，可你尝到的甜头只能是暂时的，终有一天会为此付出更大的代价。

学会承担责任，为自己的错误埋单

◆ 做错事后，要懂得正确认识和反省自己
◆ 积极认错，不逃避，不狡辩
◆ 学会自己面对问题，勇敢承担责任

知错能改，善莫大焉。

图 7-1　学会承担责任

所以小伙伴们，我们要学会勇敢地为自己的过失负责，学会自己面对问题，自己为错误买单，你才算是真正得到了成长。

第七章 知错花开

知错不改，难成大器

小时候做错事，大人总是教导我要改正，顺带嘱咐一句："知错就改，善莫大焉。"那时不懂何为"善莫大焉"，只知道改就对了，要不肯定少不了一顿责骂。我长大后才知道，其实这八个字的真正含义，自然也了解到了和它相关的故事。

故事涉及很久之前的一个历史人物，就是春秋时期的晋灵公。"晋灵公好狗"说的就是他；"赵氏孤儿"这个故事里也有他。他不是一个好君主，生活非常奢靡，对待百姓和大臣残暴无道。为了晋国着想，很多忠诚耿直的大臣积极进谏，晋灵公见此当即表示："我知道错了，一定改正。"大臣很高兴，认为晋国有了希望，随即叩首道："人谁无过？过而能改，善莫大焉。"

遗憾的是，晋灵公说一套做一套，不仅不改正错误，还十分记恨那些给他进谏的大臣，多次想办法准备杀掉那些大臣。结果，这个知错不改、言而无信的君主被大臣杀死了。

这告诉我们：犯错不可怕，可怕的是犯了错之后执迷不悟，不知悔改。其实不用想也知道，晋灵公虽然嘴上说"我知错了""我会改正"，可这只是搪塞敷衍之词。我们身边也有很多这样的小伙伴，每次犯错之后，认错很快，态度很好，还发誓说"一定会改正"。如果不了解情况，肯定以为他是一个懂事乖巧的好孩子。可实际上呢？继续观察一段时间后，我们就会发现，他知错认错，可就是不改错。

中学的时候，我的同学小杰时常因为过于自信而犯错。记得当时，班主任时常对他说："你得让自己沉下心来，不能太自信了。要知道，自信过了头，就容易变得飘飘然，就容易麻痹大意，错误百出。"

每次听了班主任的话，小杰总是笑着说："好的，我知道了。我一定改正。"可说是说，他就是不改，经常因为过于自信而给自己和班级惹麻烦。月考、期末考，小杰却因为过于自信，疏乎了复习，成绩并不理想。学校篮球赛，在班级领先的情况下，因为他过于自信自己的投篮技术，疏于与同学配合，而输掉了。最后，中考的关键时刻，他因为过于自信而疏于复习而丢了分，失去了进入重点高中的大好机会。

小杰屡次犯了过于自信的错误而不改，让自己与成功之交臂。所以只要犯了错，小伙伴们就应该勇敢地承认，然后及时纠正，重新踏上正确的道路。

我知道，对于你来说，改错是一个难以跨越的坎，会让你本能地

第七章 知错花开

心生排斥和恐惧。因为这意味着对自我的否定，也意味着需要付出很大的努力。可是，如果你不及时地改正错误，就永远也得不到提升，就无法总结经验和教训，更不会获得之后的成功。

因此，亲爱的小伙伴，如果你想要得到真正的成长，那就要积极地改正错误！

第一，真正知错认错，坦然地承担后果。

小伙伴们首先应该明白，说"对不起"的意义不止在于道歉，而是学会直面自己的错误，勇敢地面对问题和解决问题。所以，遭到批评或惩罚时，不要产生排斥和抗拒心理。一旦产生这种心理，就算你之前真的愿意改正，恐怕之后也会做出相反的举动。

图 7-2 听从建议可以少犯错

第二，把每次犯错当作成长的时机。

虽然犯错会产生一些负面影响，但是每次犯错都是一次成长的机

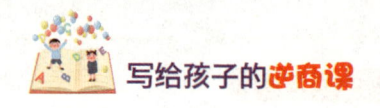

会。这个时候，我们应该听从家长或老师的教诲，反省自己的错误，然后及时地改正错误和不断地完善自己。只有我们做到"吃一堑，长一智"，总结失败的经验和教训，才会少犯错误，从而一步步地提升自己。

第三，定下目标，让自己错了一次就不再犯。

亲爱的小伙伴，你还小，有许多知识需要学习，办错事，走错路，这些都情有可原，所以被老师或家长指出错误，或者你发现了自己的错误，不要太苛责自己，也不要一味地活在错误的阴影里。只要你吸取了教训，获得了经验，然后给自己定下目标，一点点地改正错误和努力进步，之后你就可以变得更好。

总之，犯错是任何人都难以避免的，关键不在于你是否犯错，而是在于你犯错后的态度和行为。积极地面对错误，知错就改，事情往往就会向好的方面转变。若是你消极地面对错误，知错不改，屡屡犯错，那么只能像小杰一样害了自己，与成功一次次地之交臂。

· 第七章　知错花开 ·

把大家的批评记在心里，反映到行动里

每个人都喜欢表扬，讨厌批评。一听到表扬，就心情愉悦；一被批评，就表现出了不高兴，哪怕别人的批评是善意的，正好说中了自己的错误。几乎所有小伙伴在某一阶段都有类似的想法吧？"家长总是说一些陈词滥调，哼，我都听腻了！""你又做得不好，凭什么说我做错了？""老师就是有问题，总是那么严厉……"

确实，每个人都有自尊心，批评就像一支利箭正中你的心，虽然能够指出你的错误，但是对你造成一定的伤害也是难免的，甚至这个伤害有些大。正是因为这样，你才会觉得委屈、没面子，甚至愤怒。于是，在消极情绪的控制下，反抗就自然而然地产生了，排斥批评，拒绝改错，甚至根本就不认为自己有错。

遗憾的是，这种反应除了让你心情痛快之外，不会让你有任何获益。错误，依旧存在，而且你也不会有所长进。

一周前，女儿麦麦的一个小伙伴小新转班了。小新个头不高，聪明好学，总是能考入班级的前几名。不过，他有一个缺点：爱拖延。他做事和学习都有些拖拉，不到最后一刻绝不行动。比如，老师要求在课堂上写一篇作文，他不是发呆，就是看窗外，总是拖拉5~8分钟才肯动笔。再比如，每次老师交代一些任务，他总是不紧不慢，非要到最后关头才紧张起来。

之前的班主任是一个温柔和善的人，平时对学生教育以鼓励和表扬为主，很少严厉地批评孩子们，就算再生气也是笑着批评。小新受到的表扬自然要比批评多一些，学习的积极性也未减少。可是这个学期，他们班换了班主任。新班主任是一个严厉且做事一丝不苟的人，要求孩子们做事必须有条有理、高效严谨。就这样，孩子们受到的批评多了，可是表现确实也好了很多，改掉了很多的小毛病。

可是小新的表现很不好：学习热情开始急剧下降，功课拖延得更严重，上课时几乎不再回答老师的问题。究竟是什么原因让他变成这样呢？原因很简单，小新从小家里人没有对他这么严厉过，之前的班主任也很少批评他。现在遇到要求这样严格的老师，小新最直接的反应就是抵触，最后甚至不再愿意上学。无奈之下，小新的家长只能和学校商议，给他转到了另一个班。

诚然，对于每个小伙伴来说，可能都比较喜欢温柔和善的老师，而不喜欢严厉、要求高的老师。面对别人的批评，小伙伴大多数时候可能会有些排斥，不仅不会反省自己的错误，改变自己的行为，反而会顽固地进行自我辩解。这很正常，属于人的本性。

第七章 知错花开

不过，小伙伴们应该知道，遇到问题，应该积极面对，而不是逃避现实。现在你或许可以逃避，但是将来长大了，进入社会和职场之后，总不能也逃避吧？没人喜欢被批评，但是做了错事，就应该坦然地面对，接受别人的批评。

毕竟，谁都会犯错，无论小孩还是大人都是这样。因此，批评对于我们是一件好事，虽然那些话让我们听着有些刺耳，可是能够指出我们的错误所在之处，并且为我们提供更多的改进和提升的思路。所以，面对别人的批评，不管对方的批评是否准确和过分，小伙伴都应该保持耐心和虚心，认真对待，务必做到"有则改之，无则加勉"。也就是说，对于别人给自己指出的错误，如果有，就改正；如果没有，就用来勉励自己。如此一来，我们在之后的日子里才能够有所增进和收获。

不但如此，小伙伴还应该把别人的批评记在心里，然后进行自我反省，从行动上改正自己的错误，弥补自己的缺陷。这时候，你需要做到以下几点。

第一，提高自我反省的能力。

对于每个小伙伴来说，自我反省的能力非常重要，它不仅可以促使你加快成长的脚步，还可以让你在各个方面做得更加完善，同时也能扬长避短。

但是实际上，多数小伙伴的自我反省能力都不强。有时，你可能会意识不到自己的错误。就算你意识到错误，也很难接受别人严厉的批评。所以，应该正确面对错误，认真反省自己，才能不断提升自己。

第二,打破自我辩护的习惯。

面对别人的批评时,首先要控制一下自己不爽、愤怒的情绪,然后试图让自己冷静下来,告诉自己,这很可能是你对自己的认知不够全面导致的结果。当你关注事实,而不是自己的情绪和想法时,自然就不会习惯性地为自我辩护了,从而更愿意接受别人的批评。

第三,认真地对待批评,把自我反省落实在行动上。

不管对方的批评是和善的还是严厉的,我们都要虚心对待,正确分析自己的言行,只有这样才有利于我们改正错误。所以,小伙伴们应该做到虚心地接受批评,然后在心里或纸上列出改进错误的办法,然后一步步地改掉错误,进而获得成长。

省	认	改
自我反省	敢于认错	落实行动
提高自我反省的能力,不仅可以促使你加快成长的脚步,还可以让你在学习、生活、社交等方面做得更加优秀。	面对批评时,要打破自我辩护的习惯,懂得控制情绪,关注事实,敢于面对和承认自己的错误。	面对批评,除了思想上要进行自我反省之外,更重要的是应该将反省落实到行动上。

图 7-3 面对批评的三种方法

第七章 知错花开

我猜，你受到的批评大多来自父母、老师、朋友、同学，他们都和你有些亲密的关系，他们多数是为了你好。既然如此，认真且耐心地对待批评，然后努力完善自我，难道不应该是你正确的选择吗？

"错在哪了？"这个问题必须想清楚、搞明白

"对不起！"

"你知道错了吗？"

"我知道错了！"

"以后还再犯吗？"

"不会再犯了！"

"那你说一说，你究竟错在哪里？"

"……"

类似的对话，你是否熟悉？这样的对话经常发生在我和女儿麦麦之间。你呢？是不是也接长不短地就和父母来一次这样的对话呢？

没错，很多时候小伙伴很容易说"对不起"。当做错了一件事情后，看到爸爸或妈妈脸色不好看，你就立即说"对不起"；犯了一个错，挨了批评，马上就说"我错了""我会改"。态度很好，可是结果并不见得好。

原因很简单，这句"对不起""我错了"可能是出于习惯，也可能是为了逃脱惩罚，还可能是迫于压力。但是不管怎样，这句话并不是出自真心，你根本没有意识到自己错在哪里。你不知道错在哪里，自然也就无法真正地认识错误，那么改正错误就无从谈起了。

换句话说，一句"对不起"，很容易说出口。但是它究竟有多大的价值，并不在于你是否说出来，而是在于你是否真正地反省自己的错误，以及知道如何改正。

小伙伴或许都有这样的经历：做题或考试时，一道题做错了，只有真正明白自己错在哪里，想清楚忽视了哪个知识点，在下次遇到相同的题型时，才能够避免在同一个地方出错，真正把这道题的分数拿到手。这个道理也可以用在做事方面。如果你犯了错误，首先要搞明白自己到底错在哪里，如何改正错误，只有这样才能够避免下次再犯同样的错误。

所以，你做错了事情后，父母总是会问："你知道错了吗？错在哪里？"等你说出了犯错误的原因后，父母才会原谅你，然后继续嘱咐："嗯，你之后要记住……"长大一些后，你做错了事情，父母还会严厉地批评你，但是更在乎你是否能够反省自己，是否明白自己为什么会犯错，究竟错在了哪里。

第七章　知错花开

说一件我小时候的故事吧。那时我上一年级，家里养了一群小鸭子。小鸭子毛茸茸、黄澄澄的，走起路来一摇一摆，非常可爱。我非常喜欢这些小鸭子，每天放学都会去看它们。可是某天我一个不小心踩到了一只小鸭子，它很快就死掉了。我很伤心，也吓坏了，于是趁别人没发现，就把这只小鸭子偷偷地埋了起来。妈妈很快就发现了少了一只小鸭子，问我是否看到，然而我说了谎话："我没有看到。"

很快，我的谎言就被戳破了，心虚地道歉说："对不起，我不应该踩死小鸭子。"妈妈并没有训斥我，而是对我说："孩子，我知道你是不小心踩到了小鸭子。妈妈允许你犯错，但是我觉得你应该主动地承认错误，知道自己哪里错了。你的错不在于踩死了小鸭子，那只是个意外，而是在于你说谎，用谎言来掩饰自己的错误。"

不管父母还是老师，他们会允许你犯错，也会原谅你的错。只不过前提是，你必须明白自己为什么会犯错，究竟错在哪里。当你能够做到自知、自省时，那这个错误就是有价值的，你的道歉也是有意义的。

因此，小伙伴们需要明白一个道理：犯错不可怕，可怕的是不自知，不反省自己，没有搞明白自己为什么会犯错，究竟错在哪里。所以，你做了错事后，需要做到以下几点。

第一，道歉不仅在于行动，更在于意识到自己错在哪里。

很多时候，你可能只是因为害怕被斥责才道歉，而并非是认识到了自己的错误。因此这样的道歉并不真诚，也不用心，更没有什么价值。

第二，做到有自知之明。

自知，就不会无知。记得有这样一个故事。一只秃鹰迷了路，飞到了皇宫。秃鹰看到黄莺很受国王的喜爱，便问它为什么。黄莺回答说："我唱歌很好听，国王很喜欢我唱歌。"不过，黄莺不建议秃鹰用这个方法来讨国王的喜欢，因为它的歌声并不美妙。可是秃鹰不以为然，直接飞到国王面前大叫起来。国王听了秃鹰那难听的声音，很是厌烦，让侍卫把秃鹰赶走。谁知秃鹰并不知趣，还是经常飞到皇宫为国王唱歌。国王为此愤怒不已，让侍卫抓住秃鹰，并拔光了它的羽毛。秃鹰很是气愤，但是它并未认识到自己的错，反而把责任推到了黄莺身上。秃鹰大声地喊道："这都是黄莺害了我，我一定要找他报仇。"

图 7-4　学会自我反省

第七章　知错花开

可笑吗？是的，秃鹰的可笑就是在于不自知，没有看到自己的不足，不仅没有反省自己的错误，反而把错误归于他人。

第三，犯错后，要保持冷静和理智。

人非圣贤，孰能无过。圣贤也会犯错，何况你还是一个小孩呢？所以，就算做错了什么，你也没必要为此担惊受怕，沮丧自责，而是应该多一些耐心和理智，多一些思考。

面对错误的时候，分析犯错的原因和思考纠正错误的措施才是重点。小伙伴应该对自己的错误进行分析和总结，找到问题发生的关键，分析错误的性质，如此才能意识到问题的严重性，明白如何避免继续犯错，明白自己还有成长的空间。做到这些，你不仅能够认错，而且能够总结错误，获得教训和经验，最后在反思和补救的过程中获得成长。

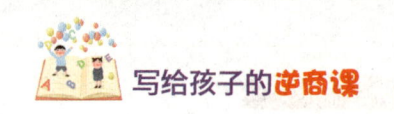

有时候错误只是意外，
你要以平常心对待

"我弄坏了新买的电话手表！这可怎么办？"女孩小安嘤嘤地哭泣。

"没关系，你也不是故意的，是XX不小心碰掉了，这才摔坏了！"另一个女孩小玉安慰着，还细心地给她擦眼泪。

"可这是一块新手表，妈妈让我好好保管……呜呜呜，我该怎么办？"

……

对于鲜少犯错的孩子来说，一旦犯错后，通常会有以下几种情绪。

第一种是恐惧、不知所措。女孩小安就是如此。对于她来说，犯错的后果可能是父母的训斥、责骂，所以她本能地心生恐惧，不敢面对，不知如何是好。

第二种是沮丧懊恼。很多时候，你怀着某种期待去做某件事情，

第七章　知错花开

结果办砸了，好事变成了坏事，就有一种沮丧和懊恼的情绪。

第三种是自卑。犯错之后，内心是难过的，不自觉地质疑自己，抱怨自己为什么如此愚笨，然后越来越自卑，不敢再次尝试。

第四种与前面的消极情绪都不同，有的小伙伴情绪并没有那么消极，反而平淡地说："既然错了，那就尽力去改正吧。"他不会过多地关注所犯的错误，而是自然地接受这个结果，然后积极地去寻找解决问题、弥补过失的方法。

面对错误或失误，心态不同，想法不同，其获得的结果自然就截然不同。心态乐观的人喜欢说"为时未晚"，总认为只要自己改正了，就还有机会。相反，心态悲观的人则总是感叹"为时晚矣"，认为犯了错就不可原谅，难以挽回。很明显，前三种情绪是消极的，结果肯定不利于错误的纠正，更不利于我们的成长。

小伙伴们，你是属于哪一种呢？如果你乐观地看待错误，那么在这里我为你鼓掌，说明你很聪明成熟。可是如果你悲观地看待错误，我希望你能亡羊补牢，尚未晚矣。一犯错，就忧心忡忡，沮丧、懊恼，或是自卑、失去信心，这不利于改正错误也不利自己的成长。

几年前，麦麦爸爸很喜欢养多肉植物。他养了好几种卖相极好的多肉植物，并且花了大量的心思去照顾它们。麦麦时常去观赏，麦麦爸爸很是紧张，反复叮嘱她不能碰，而且麦麦也保证不会碰。可是过了一段时间，麦麦爸爸发现多肉植物长势萎靡，根部出现腐烂。他对此十分不解，明明是严格地按照要求浇水，怎么会出现这种情况呢？

最后发现，问题出在麦麦身上。她接长不短地悄悄给多肉植物浇水，希望它们能够长得更好，没想到好心办了坏事。虽然麦麦爸爸没批评和训斥麦麦，可是她因为自己的错误而陷入深深的自责。那段时间麦麦明显地话少了，脸上也没了笑容。

我意识到了问题，便耐心地开导她，告诉她犯错是正常的，既然事情已经过去了，就不应该将注意力放在错误上，而是应该面对现实，然后积极地想办法补救。后来，麦麦加入到麦麦爸爸对多肉植物的抢救行动中，很快就从消极情绪中走了出来。

小孩哪有不犯错的？很多时候错误只是一个意外，小伙伴完全没有必要因此失了分寸，或是把犯错当做什么灭顶之灾。情绪如此消极，心态如此脆弱，承受不了丁点儿的压力，错误带来的不良影响可能就会因此无限扩大。

每个小伙伴如同一棵树，根系向着土地的深处不断延伸，只有这样才能够获得健康的成长。在这个过程中，我们可能会遭到风雨和打击。如果我们能够保持一种积极的心态，把错误当作磨炼和成长的机会，那么我们的能力和意志力就会获得很大程度的提升。相反，我们如果任凭恐惧、沮丧、自卑等消极的情绪蔓延，结果很可能就是我们变得越来越脆弱。

在这里，我有几点建议给小伙伴们。

第一，及时调整自己的情绪。

如果你会因为自己的错误而变得消极，那说明你是一个有责任感的人。就算因为担心父母的批评和责骂，也说明你认识到了自己的错误。有责任感，能够认识错误，这就不是坏事。

第七章 知错花开

所以，面对错误小伙伴都应该及时调整情绪，让自己变得积极和乐观，只有积极地改正错误，才能不断完善并且提升自己。

第二，亡羊补牢，犹未晚矣。把错误造成的负面影响控制在最小范围内。

图 7-5 不要太苛求自己

从某种程度上来说，沮丧、懊恼也是一种逃避，是对错误的放之任之。就好像牧羊人看着那堵有破洞的墙不补修，只是后悔："哎呀，我为什么没好好看管这羊呢？"结果只能让狼吃掉更多的羊，造成更大的损失。

既然事情已经发生，尽快分析问题发生的原因，采取补救和改正措施，把损失控制在最小范围内，这才是最正确的选择。

第三，每个人都要经历"犯错—改错—学习—尝试—成长"的过程。

犯错可以被原谅，是因为你年纪小、不成熟。一个人的成长需要有一个过程：犯错—改错—学习—尝试—成长。只有这样，你才能够认识到自己错在哪里，获得正确的做事方法，从而提升自己的能力。

所以，你没必要太苛求自己，认为犯错是天大的事情，是不可饶恕的。但是，你要记住，这并不代表你可以纵容自己犯错，不管大错小错都不放在心上。一旦你产生了类似的想法，慢慢地就会犯更多的错，无法从错误中获得经验和教训，也就无法获得成长。有了错误，只要及时改正，你就能够获得成长。

敢做敢当，不让父母代过

有人说，人的成长就像洋葱一样，每一层都代表了某个阶段需要学习和收获的东西。如果哪一层没有长好的话，那么它就会抑制下一层的成长。而且，在之后的日子里，需要用双倍甚至更多的时间来弥补、修复。只可惜时光永远都无法倒退，即便以后花费更多时间，也

第七章 知错花开

可能无法得到更好的结果。

独立和责任，就是人们的成长必修课，如果你在年少时没有学习好这一课，那么就会在以后付出更多的时间、精力和代价来完成这一方面的学习。

或许很多小伙伴直接反驳说："我很独立呀！""谁说我没有责任感？"先不要着急，看看男孩伟伟的表现吧！

11岁的男孩伟伟上小学五年级。可是他从小过于依赖父母，缺乏独立性，做什么事情都依赖父母，就连犯错、惹祸了都找父母为自己"擦屁股"。这有父母护短和纵容他的原因，但关键还是他不愿意独立承担责任。要是说，小孩五六岁不知道敢做敢当，但到了十多岁，难道还学不会吗？如果学不会，那就是你主观上不愿意去学、去成长。

伟伟在学校犯了错，总是让妈妈向老师、同学认错；在外面闯了祸，也总是习惯躲在妈妈后面，让妈妈为自己解决问题。他不是不知错，也不是缺乏承担的能力，可就是选择逃避，习惯性地依靠妈妈为自己道歉、解决问题，而且他还总是洋洋得意。

无独有偶，楚楚也是这样。

楚楚和梅梅是一对好朋友，两个人从幼儿园就开始在一起，一直到小学四年级，感情非常好，比亲姐妹还要亲呢！可是锅盖哪有不碰锅沿的，这天两个人发生了矛盾。原来楚楚把自己最喜爱的一支笔借给了梅梅，可第二天要用时，发现它竟然坏了。楚楚可心疼了，埋怨道："这支笔我都舍不得用，现在好了，你把它弄坏了。"

梅梅解释说："不是我弄的。我昨天就用了一会儿，写字时还是好的……"

没等梅梅说完，楚楚就生气地说："弄坏就弄坏了，你还不承认？真是太气人了。"

梅梅很委屈，但还是据理力争，说："真不是我弄坏的。但是既然是我用之后才坏的，那么我给你买一支新的！"

楚楚仍在气头上，大声喊道："不用你管！"说完就气呼呼地走了。

回到家后，楚楚才知道弟弟偷偷地动过自己的铅笔袋，不小心摔坏了那支笔。这下，楚楚可急坏了，冲着弟弟发脾气："都怪你！是你害我错怪了梅梅！"

看到楚楚这样，妈妈安慰她说："你不要着急！你和梅梅是好朋友，发生了误会，解释清楚就好了。"

"这怎么解释呀！我错怪了人家，还冲人家发脾气，梅梅肯定生气了，肯定不理我了！我不管，错在弟弟，应该让弟弟道歉……要不就由你去和梅梅解释……"楚楚一边生气地跺脚，一边抹着眼泪。

妈妈见此，只能无奈地说："好好好，你别着急，明天我帮你和梅梅说清楚，这总行了吧。"听了这话，楚楚这才破涕为笑。

现实中，很少有小伙伴能够敢作敢当，主动正视自己的错误行为，并且独立自主地解决问题。大部分小伙伴在犯错时会选择找父母解决问题。显然，这个方法不利于小伙伴的成长。小伙伴们必须学会主动承担责任，并且及时改正错误。

少年若天成，习惯成自然。虽然你年纪小，但终究要长大，如果现在你总是依赖父母，躲在父母的身后，久而久之，自然也就缺乏了

第七章 知错花开

直面错误与困难的勇气，之后更将会失去独立性和责任感，无法对自己负责，无法对人生负责。

不要以为你还小，找父母解决问题很正常。如果你养成了找别人帮你解决问题的习惯，那么你就失去了从错误中汲取教训并获得成长的机会。

小伙伴们要学会独立和担当，要有勇气、有责任心。小伙伴们需要做到以下几点。

第一，做一个有责任心的小孩。

责任心是每个小伙伴健全人格中不可缺少的一部分。缺少了责任心，小伙伴们就可能变得放纵、自私、依赖，缺乏独立和主见。你需要明白，自己的言行究竟是对是错，对别人产生了什么样的影响，并且不管遇到大事小事、好事坏事都应该努力对自己的行为负责，而不是让父母帮自己代劳。

第二，战胜自己的胆怯和脆弱。

很多时候，一些小伙伴躲在父母身后，让父母代替自己道歉，解决问题，不是没担当，而是没有勇气和胆量面对自己的错误。一些小伙伴虽然想主动道歉，却缺少那么一点点勇气，想解决问题，却害怕承受其中的后果。所以，想要真正做到敢作敢当，你就必须战胜自己的胆怯和脆弱，成为一个敢作敢当的小孩。

第三，不让父母代过，但可以向父母寻求帮助。

是的，你不能依赖父母，但是可以寻求父母的大力支持，让他们为自己出谋划策，提供帮助。毕竟，许多事情你无法独自应对，而父

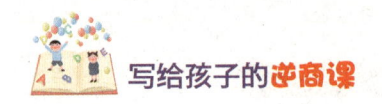

母可以做你的外援。

图 7-6　要敢做敢当

第八章

发力吧！迎接挑战

如果你愿意接受挑战，就能收获一个又一个惊喜

你能做到的，远比想象的多。你的能力，也远比你所知的大。所以，在学习和生活中，你需要应接挑战，挑战困难，挑战自我。只要你做到这些就能收获一个又一个惊喜。

第八章 发力吧！迎接挑战

只做简单的事情，还是挑战高难度？

你是否思考过：只做简单的事情，还是挑战高难度？

在回答这个问题前，我来讲一个故事。

在一次体育课上，体育老师正在考核学生们的跳高水平，高度定在 1.5 米，几乎所有学生都没能成功。只剩下最后一名男孩，他犹豫了半天，不敢迈出那一步，害怕和小伙伴们一样失败。

老师催促他快点儿行动。情急之下，他突发奇想，选择背对横杆，腾空一跳，竟然跳过了。虽然他很狼狈，狠狠地摔在沙坑里，惹来小伙伴们的一阵哄笑，可是他也成为唯一一个跳过 1.5 米横杆的人。

体育老师若有所思，希望他能继续努力，练习这种特殊的跳高方式，挑战更高的高度。这个孩子有些迟疑、担忧，但是在老师的鼓励下，他选择了接受挑战。接下来的日子，他开始辛苦地练习，并且在老师的帮助下一点点地完善跳高技术。

最后，他站在奥运会的赛场上，采取这种背越式跳法跃过了2.24米的高度，拿到了冠军，也创造了奇迹。这个孩子就是美国著名跳高运动员理查德·福斯贝里。

对于所有小伙伴都没能完成的事情，理查德并没有放弃和逃避，而是选择了挑战。在那个时候，他知道这很难，也担心自己会失败，但还是选择了挑战自己。正是因为他不断挑战自己，所以突破了自己的极限，更打破了世界纪录。

很多时候，我们总是被自己限制住，不敢冒险，不敢接受挑战，结果阻碍了自己的发展和突破。有一句话说得好："难走的路，从来不拥挤。"因为敢于挑战的人，从来都是少数。这件事让我对这句话有了更深的体悟，也让我想起了我的一位大学同学。

那时我们刚进入大学，想进入学生会。面试时虽然我们明显对工作不算熟悉，但是好在被录取了。一起被录取的还有其他几个不认识的同学。大家很珍惜这个机会，努力做事，积极表现，或想证明自己，或想做出一些成绩。可是慢慢地，我发现有一个同学有点儿放飞自我了。很多事情他都半推半就，爱做不做。很多时候他只挑简单的任务，把难做的事推给他人。

会长或老成员交代任务时，他总是不自觉地说："这一块儿我还不太熟悉，我先做有把握的事吧！"这一句话从他进入学生会到第一个学期结束的大半年里，一直都挂在嘴边上。后来，其他成员成长很快，都能独当一面了，可是他依然重复着同样的话，只挑一些简单的事情去做。所有人都明白，他这样做看似谦虚，其实是在偷懒。

第八章 发力吧！迎接挑战

学生会会长出于好心，找他沟通了好几次，鼓励他提升自己，做一些重要的或有挑战性的事情。他答应的挺好，表现得很谦虚上进，可是一旦遇到事情又故态复还。于是，会长也就不再说什么，逐渐把他边缘化。最后，第二个学期一开始他就被学生会辞退了。

事情有简单和困难的区分，你可以选择简单的事情，前提是一定要把这件事做到极致。有一句名言说的好："把简单的事情做到极致，便成就伟大。"

但是，如果你总是挑简单的事情做，不敢挑战一些有难度的事情，实际上就是懒惰。这样的心态很难让你获得成长。因为你一直在重复简单的事情，你的能力不仅无法得到提升，反而越来越退化，最后只能做最简单的事情。换个角度来看，一个人只图轻松，不愿意接受挑战，如何能够做到迎难而上，突破自我呢？又如何能够激发潜力，实现更大的自我价值呢？

小伙伴们看看吧！那些有所突破的人，那些不断攀登科学高峰的科研人员，那些创造了一个又一个奇迹的运动员，那些实现财富梦想的拼搏者，就连你身旁拿下一个又一个难题的同学，哪一个不是敢于挑战的勇者呢？

所以，你千万不要说："我还是选择简单的事情吧。""我只能做简单的事。"不擅长、有困难，不应该成为你不挑战自己的借口。不被自己限制住，不给自己找借口，勇敢且积极地去挑战具有高难度的事情，就算失败了，也没关系。因为你从失败中获得了经验和教训，了解到了自己的不足和弱点，这就是最大的收获。

那么，小伙伴们应该如何去做呢？

第一，可以做简单的事情，但不能只做简单的事。

事情有简单的，也有复杂、有难度的，不同的情况，我们做出的选择也不尽相同。很多时候，你可以选择做简单的事，因为这是你有把握的，或是你擅长的，更容易成功。但是，你不能像前面例子中的那位同学，只做简单的事，更不能一看到难事就逃避，否则永远也无法得到成长和发展。

图 8-1　要敢做敢当

其实，做简单的事和挑战高难度，并不冲突。把简单的事做得漂亮，然后不断地挑战高难度的事情，不断地突破自己，才能获得不断的进步。

第八章 发力吧！迎接挑战

第二，认识自己，战胜自己。

很多小伙伴很难认识真实的自己，不清楚自己的优势和劣势，自己的能力达到了哪个层次，于是就算想挑战也不敢，不敢尝试，不敢突破自己。

所以，挑战高难度的事情，首先你必须正确地认识自己，战胜自己对失败的恐惧，树立自信。

为什么很多事还没做，你就说"做不到"

很久以前，南方的湖泊里有一种长相怪异的大虫，长了八只脚，还有两只大螯。那两只大螯别提有多尖利，要是有人被夹一下，肯定皮破血流。因为大虫很不好惹，人们都远远地躲着它，给它起名"夹人虫"。

大禹治水时，看到夹人虫泛滥成灾，便派一个叫巴解的壮士去治理。巴解想到一个好办法：在夹人虫泛滥的湖泊旁挖了几个大坑，然后倒入煮沸的水。人们把夹人虫捞到大坑里，很快就把它们都烫死了。

这时，巴解发现夹人虫变得浑身通红，还散发出一股诱人的香味。他好奇地把夹人虫的硬壳拨开，这一下，香味更加浓郁了。巴解想，这东西这么香，吃起来会不会很美味？于是，他准备品尝一下。人们都吓坏了，连忙阻止巴解，说这东西可能有剧毒。巴解却不以为然，说有毒没毒，只有亲自尝一尝才知道呀！

他不顾人们的劝解，壮着胆子咬了一口，没想到味道鲜美极了，比自己吃过的任何东西都好吃。他立即劝所有人也尝一尝。其他人看着巴解吃得津津有味，且没有中毒的迹象，不禁也大快朵颐起来。就这样，一传十，十传百，那些曾经令人们又恨又怕的夹人虫一下成为备受喜爱的美食。

这就是关于螃蟹的故事。这个"蟹"字就出自巴解这个名字，为的就是纪念他征服了夹人虫，成为第一个吃蟹的人。螃蟹有没有毒，没有品尝之前，谁也不能确定，有的只是主观的猜疑罢了。只有亲自品尝，才能真正知道其不仅没毒，反而美味无比。

我讲这个故事不是让小伙伴随便试吃各种动物，而是告诉大家一个道理：所有事情，在做之前，谁也不知道结果如何。成功或失败，做得好或做得不好，一切都是未知数。只有真正去做了，去尝试了，去努力了，才能得到答案。

所以，不管遇到什么事情，小伙伴们都要勇敢地去尝试。遗憾的是，一些小伙伴的表现恰恰相反，还没开始行动，就说："我做不到呀。"或许他看到了潜在的危险，或许他不太自信，亦或许遇到了难

第八章　发力吧！迎接挑战

题。不管怎样，"做不到"三个字就这样轻松地从他的嘴里说了出来。殊不知，他因此丢掉了一次次磨炼自己的机会，也让自己的成长道路变得越来越难走。

麦麦班里有一个男孩小厚，被同学们叫作"做不到先生"。无论做什么事情他总喜欢说："我做不到啊！"英语是小厚的弱项，单词背了忘，忘了背，每次测试都是最后一名。英语老师希望小厚努力一些，多复习，多记单词和课文，可他总是高呼："我也想记住呀，可是做不到啊！"

学校进行体育测试，要求男生跑1000米，女生跑800米。小厚一向不善于跑步，听到这个消息自然是叫苦连天。老师为他和几个体质弱的同学制订了训练计划，其他同学都按部就班，就他一口一个"做不到"，只抱怨，不努力。结果可想而知，全班就他一个人不及格。

一句"做不到"成为一些人不努力去做的借口，而且说得理直气壮。还没开始做，你就说"做不到"，其实就是拒绝学习，拒绝成长，更是在逃避努力和挑战，把自己的未来给限定了。

因此，小伙伴们要敢于尝试，千万不要在什么都没做之前就说自己"做不到"。

第一，没有尝试，就不要轻易地说"做不到"。

虽然"做不到"这三个字很容易说出口，可是说的次数多了，就算你真的有能力，恐怕之后也很难做到了。亲爱的小伙伴，你需要去尝试、去挑战，抛弃"做不到"这个借口！

第二，迎难而上，勇敢地去挑战。

遇到一些有困难的事情，或是尝试一些新事物，小伙伴们难免没把握，会害怕，产生犹豫、退缩的念头。但是千万不要让这种念头主导你的行为，时间久了，会使你逐渐失去勇气，对自己更加不自信。

别有那么多的顾虑，想办法战胜犹豫或害怕，让自己勇敢地迎难而上，那么你就成功了一半。许多时候你缺少的不是能力，而是挑战自己的勇气。

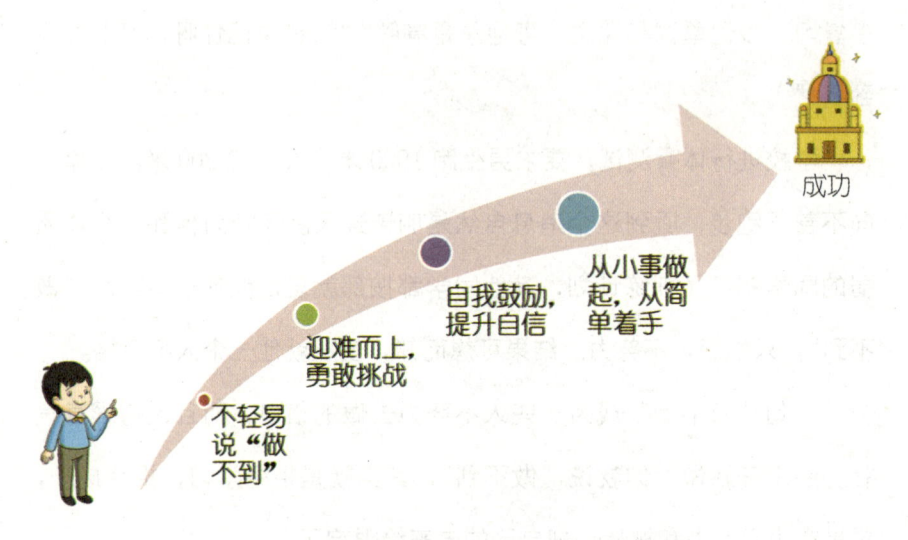

图 8-2 不断挑战不可能才能到达成功的殿堂

第三，给自己鼓励，提升自信心。

你想要挑战，但因为不自信，害怕失败，所以会不自觉地退缩。这个时候，你要给自己鼓励。只要你敢于大胆地迈出第一步，就能消除恐惧，获得成长。

第四，从小事做起，从简单着手。

小伙伴们要树立成长性思维，尝试着从小事做起，从简单的小目

第八章 发力吧！迎接挑战

标着手，让自己获得一些小的成功和收获。之后，你就会逐渐积累起信心和勇气，敢于追求更远大的目标。

潜力是被激发出来的

小伙伴们大概都有过这样的感受：很多时候，一件事情明明已经努力了，费了很大的劲儿，可是依旧做不好，做不成。于是你就退缩了，觉得自己是真的不行。

可事实上，每个人都有巨大的潜力，关键在于这一份潜在的能力能否被激活。只要你能够激发出自己的潜力，你就能创造奇迹。一个普通女子，为了救从高楼摔下的孩子，跑出了比世界百米赛跑冠军还快的速度；一个普通男子，为了救险些被汽车压住的孩子，竟然一个人抬起了汽车。这些都是真真切切的事实！

是的，这是人们在危急情况下激发出来的潜力，具有一定的特殊性。不过，我要告诉小伙伴们，在日常生活中，你也可以激发自己的潜力，突破自己的极限。不信，再来看一看下面这个例子。

一个纤弱的女性与海拔 8000 米的雪山，似乎很难产生某种联系。

就算是高大强壮的男性，在这样的高山面前，也是显得那样渺小。可是就有一位女性，不断地挑战自我，登上了一座座8000多米的高峰，并且成为第一位成功登顶海拔8611米的乔戈里峰的华人女性。

这位女性，名字叫罗静。她喜欢登山，内心也有着对于冒险的渴望。2008年，她登上了哈巴雪山，此后便爱上了这种挑战自我、激发自我斗志的极限运动，一直渴望着挑战更高的山峰。众所周知，攀登的过程中，登山者不仅要战胜凶险的环境，比如猛烈的大风、稀薄的空气以及陡峭的雪坡，更需要战胜内心的恐惧。只要有一丝丝的恐惧与退缩，就可能在距离顶峰不远处失败。

在攀登布洛阿特峰时，罗静遇到了雪崩，与死神擦肩而过。伴随着一声巨响，一排雪浪滚来，她被雪裹着往下翻滚，被拦腰折成反向的V字形，几乎被折得窒息，只能发出微弱的声音。这次遇险并没有让她退缩，反而让她自我反省。两天后，她做出一个令所有人都震惊的决定——继续登顶。尽管这次登顶失败，但她战胜了内心的恐惧，激发出了自身的巨大潜力。接下来，罗静一次次地挑战自己的极限，没有被恐惧所困，先后登上了13座8000米级雪山。

罗静曾经说过："登山是无情的追求，一个人永远都在追逐着不能抵达的远方。"所以，她虽然是一个弱小的女人，但也是一个强大的女性，她登上的高峰不只13座，将来还会有无数座。

小伙伴们，人的潜力是惊人的，你需要充分地挖掘自己的潜力，不断地挑战自己的极限。当然，我并不是让你也去爬高山。你可以挖掘自己的潜力，去做一些自己努力一下就能完成的事情。等到你的潜

第八章 发力吧！迎接挑战

力被最大化地激发出来时，你所做出的成绩，会连你自己都感到吃惊。相反，如果你怀疑自己的能力，在学习或做事时处处人为地给自己设限制、定高度，就算已经激发出了一定的潜力，恐怕之后也会消退。

有一个有趣的实验：有人找到一只跳蚤，把它放入玻璃瓶，让它尽力地跳跃，它总是能轻松地跳出瓶子。之后经过不断地训练、刺激，这只跳蚤不断地激发出潜能，竟然能跳过自身高度 400 倍左右的高度。

接下来，实验者把玻璃瓶盖住，阻止它跳得更高，一开始跳蚤还在全力地跳跃，可是多次被盖子阻挡后，慢慢地就学聪明了，不再用力跳跃，而是根据盖子的高度来调整自己跳跃的高度。最后，虽然实验者拿掉了盖子，可是跳蚤再也跳不了之前那么高了。

跳蚤的能力还在，完全可以跳得更高。只是它已经默认了那个高度，不再尝试着挑战，不再激发自己的潜力。人有时也是如此。想一想，原本你是班级第一名，在不断地自我激励下，激发了潜能，成为全校第一、全区第一。可之后你给自己设定了限制，暗示自己的能力有限，无法变得更优秀，结果就是只能原地踏步，时间久了，就会被比你更努力的人远远地抛在后面。

所以，你要相信自己的潜力是巨大的，并且能够不断地挖掘出自己的潜力。

第一，不给自己设限。

你究竟能做得有多出色，关键在于你自己。所以在学习、生活中你不要给自己设限，而是拼尽自己的全力，激发自己的潜力。如此一来，你就会变得越来越优秀。

第二，有一颗强烈的进取心。

每一个努力奋进、不断挑战的人，都有一颗强烈的进取心。做好了，就想要做得更好；进步了，就想要更进一步。一个人的进取心越强烈就越有斗志和激情，从而想办法激发自身更大的能力。所以小伙伴们，你需要树立强烈的进取心，并且激励自己不断努力，不断提升自己。

第三，想不代表着做。

有进取心，这一点很重要。但是，小伙伴们必须真正去做，去努力，去挑战不可能，而不是被难题、失败捆住了前进的脚步。你既要有美好的梦想，也要为之付出持续的努力。只有这样，你才能充分挖掘自己的潜能，创造属于自己的奇迹。

图 8-3 切忌试尝辄止

第八章 发力吧！迎接挑战

越是难解的习题，越能拉升你的成绩

一日，女儿麦麦正在写数学作业，我发现她练习册上的最后两道大题都空着，一个字都没写。等她写好作业后，我随后翻阅了练习册，发现之前那个单元的最后一道大题也是空着，便问道："麦麦，那几道题为什么空着？是不会吗？"

麦麦回答道："是的，那几道题我不会，等老师讲的时候再好好听一下。我们老师说过，平时遇到一些太难的题，不要死磕，否则会养成不好的习惯，在考试中不仅浪费时间还容易让大脑变'糨糊'，得不偿失。"

麦麦说得也没错，可是我仔细看了那几道题后，发现并不太难，只是考察的知识点比较多。按照麦麦的能力，只要好好思考一下，花不了三五分钟一定能解出答案。很显然，麦麦偷懒了，没有认真思考，没有努力钻研。

一些小伙伴可能也和麦麦一样，平时做习题，一遇到有些难度的习题，读一遍题目没找到解题的思路，不知道如何作答，就轻易地说："哎呀，我不会。""这道题太难了。"然后就干脆放弃了努力。如果是认真学习的小伙伴，老师讲解习题时认真听讲，自己认真思考一番，也许就能找出解题方法。如果是不认真学习的小伙伴，很可能等老师讲完后，直接抄一下答案，根本就懒得动脑筋思考。若是老师不讲解这些习题，他们干脆就空着，最后不了了之。

在这样的学习态度下，小伙伴的思想越来越懒惰，学习能力也就无法得到提高，自然也就无法提升学习成绩了。学习的过程，就是一个发现问题、分析问题、解决问题的过程。这个过程中，每个小伙伴都可能遇到难题。或许这是一个障碍，但是如何对待这个障碍，则关系到你是否能够获得进步和成长。

有这样一个实验：心理学家把一只狗关在笼子里，只要铃声一响，就电击它。狗被关在笼子里，不管怎样逃也无法避开电击。多次电击后，狗就不再逃了。后来，虽然心理学家打开了笼门，但是铃声一响，狗仍然没有逃，而是不等被电击就倒地呻吟、颤抖。

心理学家管这个现象叫作"习惯性无助"。就好比小伙伴遇到难题时，总是不动脑思考就放弃，久而久之就会产生"我不行"的感觉。即便你有能力解决问题，也会习惯性地不再思考，而是放弃。时间久了，由于你缺乏一定的思考锻炼，能力也就越来越弱。

我给麦麦讲了上述实验，纠正了她的想法，告诉她应该好好审题，认真思考，除非真的不会做，别轻易地放弃一些难题。在接下来的日

第八章 发力吧！迎接挑战

子，我鼓励她认真地思考和钻研，先读一遍题目，如果没弄懂题目的要求，就再读一遍。如果这个思路做不出来，就再换一个思路，好好地想一想。一段时间后，麦麦的练习册上几乎再也没有空白，就算只写几个步骤，就算不知道正确与否，她也不会轻易地放弃一道题。

那段时间，麦麦的学习积极性很高，成绩也有大幅度的提升。她高兴地对我说："妈妈，我体会到了解题的快乐。当自己经过动脑思考解出一道难题时，那种感觉真的太好了。"

是的，积极地解决较难的习题，不仅可以提升成绩和能力，还可能让你体会到解题的快乐，产生一种自豪感。所以，你需要知道什么是努力，什么是不放弃，什么是挑战自我，经常挑战自己，做一些难题，不仅能提升学习能力，也能让你更加自信，并体会到成功的快乐。

我建议，小伙伴可以这样做。

第一，多动脑，勤思考，肯钻研。

遇到难以解决的问题时，你要多动脑，勤思考，肯钻研，想到正确的解题思路，找到更适合的解题方法。只要你习题做得多了，便可以扩展思维，提升解题能力。只要你的学习能力增强了，考试时遇到难题自然就不会发怵，不会不知道如何下手，成绩提高也不在话下。

若是一遇到难题就轻易放弃，就会让自己产生惰性，甚至依赖老师对习题的解答，思维也就会越来越窄，能力也就无法得到提升。最重要的是，一旦你习惯了放弃，考试时遇到较难的题目就很容易慌张，就会影响你的思维，难题就更无法攻克了。

第二，有选择，有策略，不和难题死磕。

需要注意的是，我并不提倡遇到难题就死磕，不做出来誓不罢休。不管平时做习题，还是考试的时候，和难题杠上，都不是一种明智的选择。因为这很容易让自己陷入死胡同，也无法促进成绩的提升。

一道难解的习题，如果你苦思冥想之后，依旧找不到思路，这个时候你可以暂时把它搁置一段时间，回头再思考或钻研，或是请教老师，或是与同学们讨论。只要你不直接抄答案，只要你努力思考，同样可以让自己得到锻炼和提升。

总之，学习的过程，就是小伙伴们攻克一个又一个难题的过程。越是难解决的习题，越能锻炼你的学习能力。只有迎难而上，才能让你攀登一个又一个高峰。不信的话，就试一试吧！

图 8-4 提升成绩有诀窍

第八章 发力吧！迎接挑战

每天进步一点点，你也可以上哈佛

不积跬步，无以至千里；不积小流，无以成江海。每当读这句话时，我总是能想到几千年前有一个白发苍苍的老人在谆谆地教诲自己的弟子和百姓，希望他们能努力学习，不断地学习，每天都在坚持，每天都在一点一滴地进步。

这个老人就是荀子。这句话出自《劝学》。小伙伴可能没学过这篇文章，但是很可能听说过这句话。它富有哲理，令人深省。小伙伴只要能做到每天坚持学习，每天都能进步一点点。

或许你觉得这一点点进步看起来微不足道，但是骄人的成绩往往都来自一点点的进步，一点一滴的积累。虽然每天只进步一点点，但是今天超越昨天，明天超越今天，如此持续下去，日有所进，月有所变，随着时间的推移，便是巨大的突破。

不信的话，看看古代蒙古人是如何训练大力士的。传说他们使用了一个特殊而简单的方法：他们让小孩每天抱着刚出生不久的小牛犊到山上吃草。小牛犊刚出生时只有十几斤重，每个孩子都能轻松地完成任务。

你以为这就完了？不，这只是开始。牛犊每天都在长大，而小孩必须每天都要完成这个任务。就这样，牛犊越来越重，孩子们的力气也越来越大，最后等到牛犊长到数百斤时，孩子们也成了能够拔山举鼎的大力士。

看了这个小故事，小伙伴是不是会感叹？没有人能够一口吃成胖子，那些优秀的人都是通过不断的努力，一点点逐渐变强的。比如，你每天多背一个单词，多攻克一个难题，时间久了，成绩自然就会突飞猛进。每天进步一点点，长久以往，只要你足够努力也可以上哈佛。

进步和成功，都是需要不断积累的。很多时候，别小看那一点点的进步，哪怕 0.1 分，哪怕一个单词、一个公式，当积累到一定程度的时候，结果也是惊人的。

如果还不能理解，给你看看下面的数学运算表达式。

$1.01^{365} \approx 37.78$ $0.99^{365} \approx 0.03$

$1.02^{365} \approx 1377.4$ $0.98^{365} \approx 0.0006$

这些数学运算表达式并不难理解，如果你现在的分数是 1，每天都进步 0.01 分，那么一年（365 天）之后，就可以得到 37.78 分，进步了将近 37 分。相反，如果你每天都退步 0.01 分，那么一年之后，就只能得到 0.03 分。可是，如果你和别人都是 1 分，你每天退步 0.02 分，而别人每天进步 0.02 分，一年之后，你们的差距就是天壤之

第八章 发力吧！迎接挑战

别了。

差距的秘密：
$1.01^{365} \approx 37.8$ $0.99^{365} \approx 0.03$
$1.02^{365} \approx 1377.4$ $0.98^{365} \approx 0.0006$

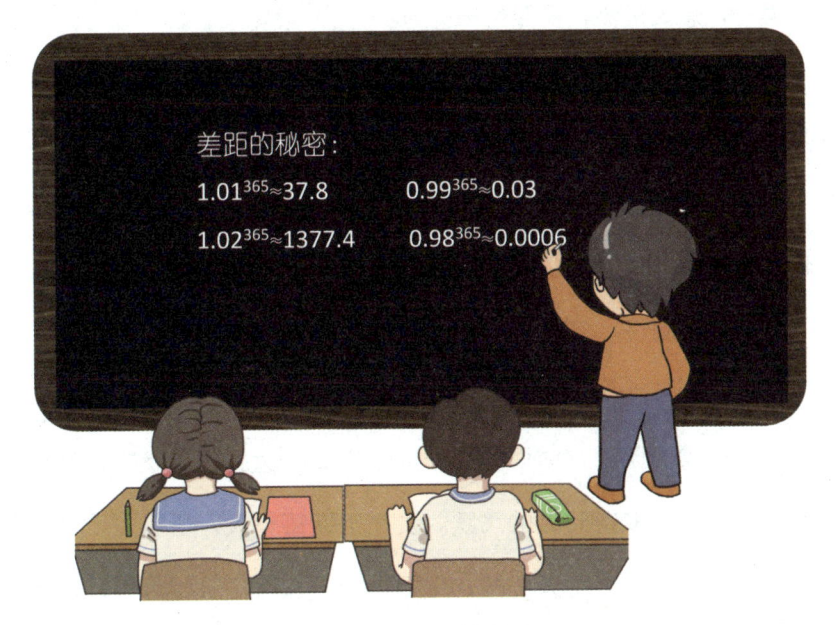

图 8-5 差距的秘密

当然，这只是理想状态下的假设。在学习中，你可能做不到每天都进步。然而，道理却不可忽视，1 与 1.01、0.99 的差距非常小，但经过日积月累之后，产生的差距非常惊人。

很多小伙伴在学习上不是很优秀，认为自己不够聪明，即使努力了取得的进步也太小，所以放弃了努力和希望。长此以往被别人远远地甩在后面。所以，你需要明白，一个人能行千里，不是一时的飞跃，而是一步一步的积累；一滴水能穿透顽石，不是水的力量巨大，而是每天一点一滴的坚持和努力。

既然如此，为什么不多努力一点，多坚持一点，多进步一点呢？当然，做到每天进步一点点并不容易，因为哪怕是 0.01 的进步都需要你付出汗水和努力。所以，小伙伴们需要做到以下几点。

第一，想要进步，需要付出努力。

在学习上，或许你没有别人聪明，或许你没有优势，表现得有些差强人意。正是因为如此，你才需要比别人更加努力。别人1分钟背会一个单词，你就花2分钟背会一个单词；别人每天学习1个小时，你就学习2个小时。

付出总有回报。只要你比别人更加努力，就会不断进步。

第二，不断进步，需要不断坚持。

小伙伴需要明白，前面的那个数学运算表达式告诉我们，每天进步一点点，就会取得巨大的飞跃。贵在坚持每一天，所以，千万别看到进步就松懈，只有每天坚持，每天进步一点点，日积月累，才能获取质的飞跃。

把每天都当作一个新的起点，一点点地让自己进步，那么进哈佛就不再是梦！

第三，制订一个计划，认准一个目标。

坚持，是这个世界上最难的事情。所以小伙伴们需要制订一个计划，明白自己的目标是什么，清楚自己如何去努力、坚持。做好了计划，认准一个目标，只要你持续地为之努力，不断地克服困难，然后一点点地进步，就能一步步地完成蜕变。

第四，鼓励和奖励自己的表现。

除了坚持，小伙伴还需要学会自我鼓励和自我奖励。这对于你取得进步来说很重要。只有不断地自我鼓励和自我奖励，你才有努力的信心和奋进的动力。如果每周或每月，你都能取得一些进步，并且给自己一些奖励，比如去游乐场，买新玩具，那么学习就会变得更加积极、主动且富有激情。

等你长大一点儿，一定要试着去冒险

你有没有干过如下的一系列傻事？

大冬天用舌头舔冰棒，看是不是像其他小伙伴说的那样，舌头被黏住。结果，舌头真的被黏住了，被大人解救时，撕下一大块皮，弄得满嘴是血。

体育课上，老师教沙坑跳马，问谁敢尝试一下。你第一个举手，那动作真的是干脆利索，可是因为不得要领，摔倒吃了一嘴沙子。

……

我的表弟小时候就干过这样的傻事，而且他干的傻事还不止这些，时常被大人们叫作"野孩子""莽小子"。那时，姑姑没少为他担心害怕，总是苦口婆心地劝他，让他安分一些。大人也嘱咐我们几个孩子，多看着点表弟，少让他冒险，少闯祸。

不过，就算我们时时防着、看着，依旧无法控制表弟身上那蠢蠢欲动的冒险因子。可是回过头来，就是因为他从小就喜欢冒险，所以比一般人更有胆识和勇气，更敢于思考和探索。他比我们更愿意尝试更多的新东西，更喜欢竞争和挑战，也比我们更有信心和毅力。大学毕业后，表弟自己创业，抓住了市场机会。现在，他的公司虽然规模不大，但是技术领先，很有发展前景。

在很多大人看来，冒险的孩子就是野、淘气、顽皮、爱闯祸。诚然，这样的孩子确实很容易给大人们带来一些麻烦。有时这样的孩子还可能给自己带来危险和伤害。但是，我们不得不承认，"冒险"是小孩应该培养的一种优秀品质，尤其对于男孩来说，若是不敢冒险，不敢探索，那么就很难形成勇敢、坚强的品质，更无法学会探索，敢于迎接挑战。

你说你想在高空中看风景，却连站在高空的勇气都没有；你说你想要体会刺激的感觉，却连海盗船都不敢尝试；你说你想要挑战一下自我，参加从未参加的比赛，可是又担心在比赛中失败……这样的你是不是很憋屈，连自己都看不起自己？

你可以看看身边的小伙伴们，那些习惯听大人话、不敢冒险、不敢探索的好孩子，和那些大胆顽皮、敢于做别人不敢做的事情的"野孩子"，是不是有很大的不同？不管在思维、行动上，还是在精神面貌上，两者是不是都存在很大的差别？简单来说，就是一个乖巧，却缺乏主动、创新，骨子里也少了一些勇敢、自信，而另一个积极、张扬，

第八章　发力吧！迎接挑战

不管什么时候都十分果断，有胆量，无所畏惧。

就思维、性格、能力和心态来说，敢于和愿意冒险的孩子的优势明显比好孩子更大。所以，小伙伴们要想培养冒险精神，就应该在平时多试着去挑战自己。

如何培养自己的胆识和冒险精神呢？

第一，大胆去做事，尝试一些未做过的事。

冒险是每个小伙伴身上的一种天性，能让你更自信，更独立。在冒险的刺激中，起初你可能会害怕，可能被吓坏了，但是随后就能克服这样的恐惧。所以，等你长大了，你可以"野"一些，大胆地去尝试一些未做过的事。

第二，突破自己，尝试一些具有挑战性的活动。

如果你胆子很小，不敢去冒险，那也没有关系，从现在起，你可以试着锻炼自己的胆量，比如可以参加漂流、过山车、丛林冒险等活动。但是，不要操之过急，先从简单、不太刺激的活动开始，一步步地挑战自己，自然就会有所收获。

第三，有胆识，但不蛮干。

敢于冒险，但是并不意味着不顾及自身的安全，忽视潜在或明显的危险。小伙伴们可以大胆地尝试，但是必须知道什么是真正的冒险，什么是没有意义的胡闹和蛮干。明明知道某件事存在很大的安全隐患，你却一意孤行地去做，这不是勇敢，也不是冒险，而是胡闹和蛮干。比如，你没有经过野外生存训练就独自去爬荒无人烟的大山，你没有学会游泳就要横渡学校附近的小河，等等。所以，小伙伴们要注意安

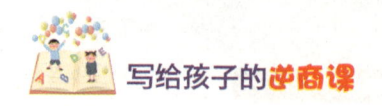

全，懂得如何在冒险时进行自我保护，也要避免做一些危及自身安全事情。

图 8-6 培养冒险精神